무엇이
도시의 얼굴을
만드는가

Why Cities Look The Way They Do

무엇이 도시의 얼굴을 만드는가

돈,
권력,
성,
노동,
전쟁,
문화로 읽는 도시

Why Cities Look the
Way They Do

리처드 윌리엄스 지음 | 김수연 옮김

현암사

일러두기

- 단행본·작품집·시리즈 등의 책 제목은 『 』, 신문·잡지는 《 》, 글은 「 」, 영화·드라마·사진·그림·전시는 〈 〉로 표기했다.
- 본문에 등장하는 책 등이 국내에 소개되어 있는 경우 그 제목을 따랐다.
- 외래어 표기는 국립국어원 외래어표기법을 따르되, 일반적으로 통용되는 경우일 때는 그에 따르기도 했다.
- 별도의 표시가 없는 한, 이 책에 실린 사진은 모두 저자가 직접 찍은 것이다.

머리말

설계 vs. 프로세스

영국 미들랜즈 지역에 위치한 산업도시 레스터. 나는 지금 레스터의 한 회전교차로에 있다. 길 건너편에 있는 남아시아 식료품 마트에 가기 위해 길을 건너려는 참이다. 그 마트는 내가 무척 좋아해서 레스터에 올 때마다 꼭 들르는 곳이다. 후텁지근한 여름날 오후, 바로 앞에는 빽빽하게 들어선 차들이 경적을 울리고 있고, 머리 위 고가도로에도 차들이 시끄럽게 지나다닌다. 옆 사람과 대화하는 데 방해가 될 정도로 시끄럽다. 신호를 기다리는 틈을 타 잠시 주변을 둘러본다. 19세기 산업혁명 시대에 지어진 벽돌로 된 공장 건물들, 2차대전 직후에 스웨덴 양식으로 지어진 저층의 공영주택들, 고가도로 옆에 서 있는 20층짜리 고층 모더니즘 빌딩 등 전혀 다른 종류의 건물들이 별다른 질서 없이 마구 뒤섞여 있다. 어떤 기준으로도 아름답다고 부를 만한 경관은 아니다. 도시를 연구하는 나는 최근 이 주변을 열심히 사진으로 찍기 시작했다. 이곳이 도시의 어떤 특징을 잘 보여주고 있다는 생각이 들어서다. 이곳의 경관은 누군가가 구체적인 의도를 가지고 설계해서 지금처럼 된 것이 아니다. 과거 레스터에서 살았던 이들 가운데 누구도 이곳이 지금과 같은 모습이 될 것이라고 상상하지 못했을 것이다. 왜 하필 저곳에 고가도로가 생겼을까? 왜 그 위로 차가 시속 80킬로미터로 달리게 되었을까? 왜 레스터의 공영주택은 마치 스웨덴 예테보리에서 튀어나온 것처럼 생겼을까? 왜 빅토리아 시대에 지어진 공장이 지금까지 남아 있을까? 지금까지 남은 공장 건물은 지금 어떤 용도로 쓰일까? 왜 회전교차로 앞에 서 있는 남아시아 식료품 마트의 벽은 온통 강렬한 형광 초록색일까? 왜 이곳은 길 건너기가 이렇게 어려울까? 도시의 경관을 진지하게 생각해보고 싶다면, 이 질문들이 좋은 출발점이 될 수 있다. 우리는 자신이 속한 도시의 모습을 당연한 것으로 받아들인다. 자신의 주변 환경이 어떤 모습인지 자세히 들여다보는 경우는 드물다. 왜 우리의 도시가 지금과 같은 모습이 되었는지 궁금하지 않은가? 특히, 도시를 그렇게 만든 이가 존재하지 않는다면 말이다. 왜 도시는 하필 지금처럼 보이게 된 것일까?

우리가 이 질문에 쉽게 답하지 못하는 이유 하나는 우리가 도시를 '설계design'의 산물이라고 생각하기 때문이다. 우리는 런던은 크리스토퍼 렌, 바르셀로나는 안토니오 가우디, 시카고는 미스 반데어로에, 상파울루는 리나 보 바르디가 지었다고 생각하기를 좋아한다. 우리는 습관적으로 도시를 설계와 의도의 측면에서 생각한다. 이 건축가들이 도시에 위대한 요소를 지은 것은 사실일지도 모른다. 하지만 그렇다 하더라도 그들이 기여한 바는 일부에 지나지 않는다. 우리가 아무리 그렇게 믿고 싶어 한다 하더라도, 도시가 어떻게 보이느냐는 대부분 설계의 산물이 아니다. 이 책에서 나는 도시의 외관이 의식적인 설계가 아닌 무의식적인 여러 '프로세스process'의 산물임을 주장하고자 한다. 물론 건축가들은 다양한 프로세스에 반응하는 방향으로 설계를 한다. 이를테면 주거와 관련한 요구, 일하는 장소에 대한 요구, 자본 투자를 매력적으로 보이게 만드는 빌딩과 관련한 요구를 만족시키는 방향으로 설계를 하는 것이다. 그리고 이런 설계는 도시의 외관에 어느 정도 영향을 미친다. 하지만 설계가 도시의 외관에 미치는 영향은 우리가 생각하는 것보다 훨씬 제한적이다. 도시의 경관은 압도적으로 여러 프로세스의 결과로 만들어진다. 물론 예외도 있다. 지금의 북한 도시들이 그렇지 않고, 1950년대 소비에트 연방 도시들이 그렇지 않았다. 심지어 영국에서도 2차대전 후 계획적으로 건설된 신도시들(할로, 밀턴킨스, 컴버놀드)도 짧은 기간동안이나마 그렇지 않았다. 하지만 세계도시global city, 즉 자신을 세계 경제 시스템의 중요한 일부로 의식하는 도시들, 또는 세계 경제 시스템의 중요한 일부가 되고자 하는 도시들의 경우, 도시의 경관은 분명히 설계보다는 프로세스에 영향을 받는다. 세계도시는 자본과 정보가 모이는 결절지 역할을 하는 도시일 뿐 아니라, 자신의 '세계성'을 과시하려는 기획을 지닌 도시들이다. 이 기획을 실현하는 데 도시가 어떻게 보이느냐는 매우 중요한 역할을 한다(세계도시에 대해 자세히 알고 싶다면 세계화에 대해 연구하는 권위 있는 도시사회학자 사스키아 사센의 책을 참고하라.[1])

설계는 여러 종류를 포함한다. 건축 설계architecture design는 우리가 도시의 건축을 생각할 때 가장 먼저 떠올리는 설계다. 조경 설계landscape architecture는 공원, 거리, 광장과 같은 야외 공간을 설계하는 작업이다. 도시 계획town planning은 목적 지향적인 작업으로, 세부적인 부분보다는 거시적인 면에 초점을 맞추는, 어떻게 보면 예술과도 맞닿아 있는 작업이다(도시 계획가 루시우 코스타의 브라질리아 도시 계획이 이에 해당한다). 마스터플래닝masterpalnning은 한 도시를 다른 도시들과 비교해 더 돋보이게 만듦으로써 자본을 유치하는 데 유리하게 만드는 총괄 계획이다. 일종의 도시 버전의 PR 활동이라고 보면 될 것이다. 설계에는 토목 설계engineering도 있다. 토목 설계는 개별 건물이 서 있을 수 있도록 하는 작업과 다리, 고속도로, 타워와 같은 도시의 주요 구조를 설계하는 작업을 모두 포함한다. 후자는 토목과 건축의 경계에 위치하게 되는데, 귀스타브 에펠의 에펠탑이나 산티아고 칼라트라바의 다리 등이 토목 설계의 산물이다. 이 다양한 설계 분야들의 경계가 항상 분명한 것은 아니다. 건축학과에서도 그렇고, 일선 현장에서도 그렇고,

많은 경우 이 분야들은 구분되지 않고 함께 다뤄진다. 포스터 & 파트너스Foster and Partners를 비롯한 다국적 대형 건축사무소들은 보통 이 설계 분야들에 대한 서비스를 모두 제공한다.

이런 다양한 설계에는 한 가지 공통점이 있다. 이 설계들은 모두, 우리로 하여금 설계자가 마법처럼 도면을 현실로 구현한다고 믿게 만든다는 것이다. 사진 속 건축가나 도시 계획가들이 언제나 책상에 앉아 도면 작업을 하고 있는 모습인 것만 봐도, 도시는 설계자가 만드는 것이라는 관념이 얼마나 지배적인지 느낄 수 있다. 나는 2001년 브라질의 세계적인 건축가 오스카르 니에메예르의 작업실을 방문한 적이 있다. 그는 건축가가 도시를 만든다는 믿음의 가장 강력한 신봉자 가운데 한 명이었다. 그는 우리의 대화 중 계속해서 도면을 설계하고 있었다. 그는 내게 펜을 들어 보이며, 자신이 펜을 들면 건물이 나타난다고 말했다. 건축가가 펜과 잉크로 힘들이지 않고 그리는 도면이 마술처럼 건물로 변한다는 설명은 그가 인터뷰에 나올 때마다 한 말이이기도 했다. 니에메예르의 작업실에도 엔지니어가 있긴 했지만, 니에메예르는 건축이 지어지는 과정, 그리고 실제로 그 건물을 이용하는 이들이 그 건물을 어떻게 느끼는지에는 무심했다. 건축가가 그린 건물의 이미지와 실제 현실 사이에는 간극이 존재한다. 니에메예르의 건물은 뛰어난 작품이라는 평가를 받는 동시에, 그곳에 사는 이들로부터 비실용적이고 불편한 건물이라는 평가를 받는다. 니에메예르의 사례는 우리가 설계자를 무궁한 상상력을 통해 문제에 대한 총체적인 해결책을 제시해주는 존재로 지나치게 믿고 있음을 보여준다. 하지만 실제 현실은 그렇게 간단하지 않다.

이 책은 설계자의 존재 대신 다음 두 가지에 주목한다. 첫째, 이 책은 프로세스를 살펴본다. 이 책에서는 특히 자본의 흐름, 정치 권력의 작동, 성적 욕망의 변화하는 속성, 노동의 변화하는 속성, 전쟁의 영향, 문화의 영향이라는 여섯 개의 프로세스를 집중적으로 다룬다. 나는 이 프로세스들이 도시 경관에 어떻게 영향을 미쳐왔고 미치고 있는지를 검토할 것이다. 둘째, 이 책은 도시의 이미지와 시각 문화를 살펴본다. 도시는 물질적인 형태로도 존재하지만, 시각적인 재현으로도 존재한다. 우리가 도시를 항상 현실 그대로의 모습을 보고 이해하는 것은 아니다. 우리는 많은 경우 도시에 대한 시각적 재현들을 통해 도시를 이해한다. 우리가 마천루와 아름다운 조명으로 가득 찬 도시의 야경을 거의 즉각적으로 낭만적인 대상으로 받아들이는 것은, 이미 수많은 영화가 도시의 야경을 낭만적인 배경으로 삼는 것을 보아왔기 때문인지도 모른다(도시와 성적 욕망의 관계에 대해서는 4장을 보라). 우리가 공장이나 창고와 같은 투박한 건물을 문화적으로 세련된 공간으로 받아들이게 된 것은, 다수의 현대미술관들이 공장이나 창고를 개조하여 사용하고 있는 것을 많이 보아왔기 때문인지도 모른다(도시와 노동의 관계에 대해서는 5장을 보라). 관광객으로서 우리는 도시의 이미지가 우리가 그 도시를 인식하는 방식에 많은 영향을 미친다는 사실을 알고 있다. 뉴욕, 베이징, 베네치아, 또는 디즈니월드에 대한 우리의 경험은 물질적 현실과 이미지가 혼합된 것이다. 그렇기 때문에 우리가 도시의 외관을 프로세스에 의해 조건 지어진 것으로 사고할 때, 우리는 도시의 외관을 단지 물질적 현실로서가 아니라 이미지로도 생각하는 것이다. 도시가 프로세스의 결과라는 나의 주장은 이미지, 특히 영화와 같은 대중문화의 이미지 속에서 가장 선명하게 드러난다. 건축가와 도시 계획가들은 그 자신들이 설계자이기 때문에 도시가 설계가 아닌 프로세스의 결과라고 말하지 못한다. 하지만 도시의 이미지를 생산하는 이들, 즉 영화감독, 미술 작가, 사진가 그리고 스마트폰 카메라를 든 우리 같은 이들은 설계와 아무 이해관계가 없기 때문에 도시가 프로세스의 산물이라는 것을 잘 드러낼 수 있다. 거칠게 정리하자면 이렇다. 도시의 설계자들은 도시에서 무엇을 어떻게 보라고 지시한다. 하지만 이미지의 생산자들은 우리 눈앞에 존재하는 것을 있는 그대로 드러내 보여준다. 매우 뛰어난 도시 설계자들은 전자뿐 아니라 후자에도 능하다. 『라스베이거스의 교훈』을 함께 쓴 부부 건축가 로버트 벤투리와 데니스 스콧 브라운이 그런 이들이다.[2] 이들은 라스베이거스라는 도시에서 무엇을 어떻게 봐야 하는지 처방하는 동시에, 높은 수준의 열린 태도로 아무런 편견 없이 한 도시를 기술한다. 그들은 라스베이거스를 그 도시에 대한 기존의 통념에 기대어 보는 대신, 실제 그 도시의 있는 그대로의 모습을 본다. 나는 이들의 열린 태도를 염두에 두고 『라스베이거스의 교훈』을 전범으로 삼아 이 책을 썼다. 『라스베이거스의 교훈』은 라스베이거스에 대한 분석서이기도 하지만, 도시가 프로세스의 결과임을 훌륭하게 보여주는 책이기도 하다. 도시를 프로세스의 측면에서 바라볼 때, 우리는 도시가 왜 지금과 같은 모습이 되었는지, 도시가 어떻게 변화해왔는지, 도시에 사는 이들이 그들 스스로 얼마나 도시의 경관에 영향을 미치고 있는지와 같은 문제들이, 모두 설계보다는 프로세스와 긴밀하게 연결되어 있음을 깨달을 수 있다. 도시를 설계하는 이들의 입장에서는 자신들의 역할을 축소하는 듯한 이런 방식의 설명이 반갑지만은 않을 것이다. 하지만 도시를 프로세스의 관점에서 이해하는 것은 분명 중요하다. 그것은 우리에게 도시가 왜 지금처럼 보이게 되었는가를 설명해주고 더 나아가서는 우리가 더 나은 도시를 만들 수 있도록 돕는다.

차례

1장

들어가며

나는 베네치아가 싫다

도시는 '설계'가 아닌 '프로세스'의 결과다

고백할 것이 있다. 나는 베네치아가 싫다. 베네치아의 건축물들이 싫다거나 관광객들로 오랫동안 몸살을 앓아온 베네치아의 주민들이 싫다는 것이 아니다. 우리가 도시를 이해하는 데 방해가 되는 베네치아의 어떤 부분이 싫다는 것이다. 사람들은 베네치아를 인류의 위대한 능력이 빚어낸 만고불변의 산물로 여긴다. 즉 내가 '프로세스'라고 부르는 것과 정반대에 위치한 무엇으로 여긴다. 이런 생각을 반영하는 것이 유네스코 세계문화유산 같은 제도다. 이런 제도는 도시의 시간을 오랜 과거의 어떤 지점으로 영원히 고정한다. 하지만 베네치아는 도시의 외관을 결정하는 것이 프로세스임을 그 어떤 도시보다도 잘 보여주는 도시다. 베네치아의 경우 그 프로세스는 관광객의 이동이다. 베네치아가 지금같이 보이게 된 것이 관광객의 이동이라는 프로세스의 결과임을 받아들인다면, 우리는 베네치아를 더 나은 곳으로 만들 수 있다. 나 역시 관광객으로서 베네치아를 자주 방문한다. 대부분은 대규모 국제 미술전인 베네치아 비엔날레를 보기 위한 방문이다. 베네치아의 모든 면은 관광이라는 프로세스와 긴밀하게 엮여 있다. 베네치아의 연간 관광객 수는 베네치아 본섬인 구시가만 치면 1000만 명, 베네치아 전체로 치면 3000만 명에 달한다.[1] 일간 관광객 수는 6만 명으로, 베네치아 구시가 인구인 5만 5,000명보다도 많은 수다. 관광 성수기인 여름철에는 대형 크루즈선들이 베네치아의 주요 물길인 주데카 운하를 따라 관광객들을 산마르코 광장으로 실어 나른다. 크루즈선 한 대가 실어 나르는 관광객의 수는 5,000명으로, 이는 베네치아 구시가 인구의 10퍼센트다. 이 중 이탈리아인은 3퍼센트에 불과하고, 나머지는 모두 외국인들이다. 나는 베네치아 비엔날레의 현대미술 작품을 보려고 이 도시를 방문해놓고도 매번 다른 것에 정신을 빼앗긴다. 그것은 관광이라는 한 산업이 어떻게 그 의도와 무관하게 베네치아라는 도시에 변화와 스펙터클을 가져오고 있는가라는 문제다. 베네치아가 관광도시라는 사실 자체에는 특별한 것이 없다. 베네치아는 이미 18세기부터 영국의 귀족 자제들이 유럽 여러 곳을 유람하며 견문을 넓히는 그랜드 투어Grand Tour를 할 때 반드시 들러야만 하는 도시였다. 현대의 베네치아가 특별하다면, 그것은 역사적 건축물과 유적을 오히려 그것을 보러 온 관광객들이 압도하고 있다는 점이다. 현대 베네치아의 진정한 스펙터클은 역사적 건축물과 유적이 아니라 베네치아의 관광산업 그 자체다.

베네치아의 압도적이고 복잡한 현재의 스펙터클은 누군

가가 의식적으로 설계해서 만들어진 것이 아니다. 그것은 아무도 개입하지 않은 프로세스의 결과이다. 영국의 미술 평론가 로런스 앨러웨이는 이를 직감적으로 알고 있었다. 앨러웨이는 이미 1968년에 베네치아를 전시회나 미술관과 같은 문화적 매체로 이해했다. "도시는 그 자체로 매체, 더 자세히 말하자면 유명한 건축물, 끊임없이 열리는 축제들, 관광 산업들로 뒤섞인 매체가 되었다. 베네치아는 그 자체로 의사소통의 패턴이고, 공간적이고도 시간적인 미술 작품이다."[2]

이는 앨러웨이가 지나가듯이 가볍게 쓴 부분이지만, 도시를 고정불변의 대상으로 보지 않고 프로세스의 측면에서 이해하고 있다는 점에서 우리에게 상당한 통찰의 깊이를 보여준다. 앨러웨이가 암시하는 또 하나는 프로세스의 측면에서 도시를 이해할 때도 도시의 구체적인 요소들을 보는 것이 여전히 중요하다는 점이다. 도시는 "미술 작품", "건축물", "의사소통의 패턴"이기 때문이다. 가장 중요한 것은 그가 도시를 완료된 것이 아니라 지금도 계속 현재진행형으로 만들어지고 있는 공간으로 이해하고 있다는 점이다. 현대 베네치아는 역사적인 건축물과 문화유산이 만들어낸 과거의 도시이기도 하지만, 관광객과 베네치아 비엔날레와 거대한 크루즈선이 만들고 있는 현재의 도시이기도 한 것이다.

그럼 '프로세스'가 어떻게 이상하고도 모순적인 도시 베네치아를 만들었다는 것일까? 베네치아의 프로세스에 해당하는 관광산업은 다차원적이고 초역사적인 프로세스다. 또 이 프로세스는 숙박 제공이나 크루즈선의 정박과 같은 경제적 행위로만 이루어져 있는 것이 아니라, 도시를 둘러싼 여러 신화화된 관념들로 이루어져 있다. 베네치아에서 연구 활동을 하는 교수이자 작가 도미닉 스탠디시는 베네치아가 여러 사람들이 방문하기 좋아하는 도시가 되면서 정치적이거나 문화적인 이유에서 비롯한 신화들이 만들어졌는데, 이 신화가 베네치아를 특정한 조건에 묶어놓았다고 주장한다.[3] 스탠디시는 낭만주의 시대에 그랜드 투어를 위해 베네치아에 온 문학 청년들(시인 조지 고든 바이런도 젊은 시절 오랫동안 베네치아에 머물던 이 중 한 명이었다)이 베네치아가 지니고 있는 몰락이라는 관념에 깊이 빠진 나머지, 베네치아 특유의 쇠락해가는 도시의 이미지를 사랑했다고 쓴다. 이들에게 베네치아의 쇠락하는 이미지는 인간 존재의 나약함, 더 나아가 역사 진보의 덧없음을 상징하는 좋은 대상이었다. 스탠디시는 베네치아에 붙은 이런 신화화된 관념이 이 도시가 현대화하는 것을 막았다고 주장한다. 베네치아를 좋아하는 이들은 거의 대부분 이곳이 계속해서 전근대의 모습에 머물기를 바란다. 내가 앞에서 베네치아가 싫다고 한 것은 이런 맹목적인 숭배에 비판적이기 때문이다. 어쨌든 내 입장과 관계없이 여기서 중요한 것은 이런 프로세스가 베네치아의 모습을 형성하는 데 중요한 역할을 하고 있다는 점이다. 찬란한 건축물과 유적을 설계하고 만든 이들의 의도만 생각해서는 이런 베네치아의 면모를 결코 깊이 이해할 수 없다. 베네치아에서 겪는 경험을 제대로 이해하려면 도시를 프로세스라는 측면에서 생각해야 한다.

정확히 말하자면 단수형 프로세스가 아니라, 복수형 프로세스들이라고 해야 할 것이다. 베네치아를 비롯한 모든 도시는 하나의 프로세스가 아니라, 상호작용하는 여러 프로세스가 빚어내는 결과이기 때문이다. 다만 베네치아의 경우, 그 가운데 가장 영향력이 큰 프로세스가 관광산업인 것이다. 용어에 대해 잠깐 정리하자면 나는 이 책에서 '주제theme'나 '산업industry'이라는 용어 대신, 일관되게 '프로세스'라는 용어를 사용할 것이다. 그렇게 할 때만 도시가 고정되고 정적인 공간이 아니라, 끊임없이 변화하는 동적인 공간임을 명징하게 드러낼 수 있기 때문이다.

우리는 도시를 고정된 대상으로 보고자 하는 경향이 있지만, 도시는 차라리 사건이나 퍼포먼스에 가깝다. '프로세스'라고 써야만 시간의 흐름을 놓치지 않을 수 있다. 또, 자본, 정치 권력, 성적 욕망, 노동, 폭력, 문화와 같은 것들의 순환에 주목할 수 있게 된다. 지금 언급한 여섯 가지는 우리가 앞으로 이 책에서 살펴볼 프로세스들이다. 물론 프로세스가 이것들만 있는 것은 아니다. 내가 만약 이 책에서 다루는 도시들이 아닌 다른 지역에 초점을 맞춰 책을 썼다면 종교라는 프로세스를 포함시킬 수도 있을 것이다. 하지만 이 책에서 다루는 도시들은 이른바 '세계' 도시로서의 자의식을 가진 곳들인 만큼 모두 세속적인 질서에 따르는 도시들이다. 종교뿐 아니라 쓰레기, 교통, 식량도 프로세스로 다룰 수 있었을 것이다. 그러나

사진 1.1

젠 오차드 호텔에서 바라본 싱가포르 시내. 전형적인 세계도시의 모습이다.(2018년 사진)

이 책의 목표는 도시에서 일어나는 프로세스를 하나도 빠짐없이 기술하는 것이 아니다. 그보다 도시의 시각 문화에서 프로세스가 어떤 의미를 지니는지 살피는 데 주력할 것이다.

도시의 시각 문화는 생각보다 연구가 별로 이루어져 있지 않은 분야다. 물론 베네치아 같은 도시의 시각 문화는 연구가 많이 되어 있다. 베네치아는 유서도 깊고 미술사적 가치도 높은 도시이기 때문이다. 하지만 모든 도시가 베네치아 같지는 않다. 영화나 미술 작품에서 단골로 볼 수 있는 도시가 몇 군데로 제한되어 있는 것처럼, 소수의 도시만이 시각 문화적 측면에서 연구의 대상이 된다. 많은 도시, 어쩌면 도시들 대다수는 가시성을 확보하지 못했다. 영화나 미술 작품에 등장하지 않는 도시들, 관광 책자에 이름이 올라 있지 않은 도시들을 볼 때, 어느 부분을 어떻게 봐야 할지에 대해서는 그 누구도 알려주지 않는다.

이것이 도시의 시각 문화를 연구하고자 할 때 발생하는 한 가지 문제다. 우리는 도시에서 무엇을 어떻게 보아야 하는지 제대로 배운 적이 없다. 더 심각한 문제도 있다. 그것은 보기looking라는 행위에 주어지는 사회적 가치가 너무 작다는 것이다. 보기는 언제나 사소한 행위, 중요하지 않은 행위로 그 의미가 폄하된다. 그림이 많은 책과 글자가 빼곡한 책 가운데 어느 쪽이 더 진지한 도서로 여겨지는지 생각해보라. 쇼핑이나 유흥이 사회적 가치가 낮은 활동으로 여겨지는 것처럼, 보기 역시 생산성이라는 측면에서 가치가 낮은 행위로 여겨진다.

그렇기 때문에 사람들은 도시를 제대로 이해할 때 필요한 것은 이미지가 아니라 수치와 통계라고 생각하는 경향이 있다. 사진과 도면과 그림을 보는 대신 교통, 하수 처리, 이산화탄소 배출량, 인구와 관련한 구체적인 자료를 읽고 분석하는 것이 더 중요하다고 생각한다. 20세기의 도시 계획에서 보는 행위에 얼마나 낮은 값이 매겨져 있는지 알면 놀랄 것이다. 지금 나는 에든버러의 1972년 판 도시계획편람을 살펴보고 있다. 300쪽이 넘는 크고 두꺼운 자료다. 이 두툼한 자료에 포함되어 있는 사진은 딱 아홉 장이다. 컬러 사진은 한 장도 없고, 모두 흑백사진이다. 한 도시의 청사진을 제시하는 도시 계획 자료인데도 이렇다.[4] 이 자료를 빽빽하게 채우고 있는 것은 인구, 흐름, 돈과 관련한 수치와 통계다. 나는 지금 이 도시계획편람을 비판하고자 하는 것이 아니라, 현대의 도시 계획이 이미지와 보기의 문제를 소홀히 하고 있음을 말하고자 하는 것이다. 이런 상황에서 전문적 지식이 없는 일반 독자들은 도시를 이해하는 데 필요한 것은 수치와 통계이며 이미지는 중요하지 않다고 생각할 수밖에 없다.

도시 연구자 가운데서도 도시의 시각적 이미지에 불편함을 느끼는 경우가 적지 않다. 여기에는 어느 정도 수긍할 만한 이유가 있다. 도시의 이미지가 도시의 상업화에 복무하는 방향으로 사용되는 경우가 너무나도 많아졌기 때문이다. 우리가 보는 도시 사진의 상당수는 도시를 상품으로 보고 찍은 사진들이다. 이런 사진을 보는 행위는 도시를 사고팔 수 있는 상품이라고 간주하는 개념에 순응하는 행위가 될 수도 있다. 이를테면 초호화 아파트가 지어지고 있는 공사장 현장을 떠올려보라. 아파트 단지가 완성되었을 때의 모습을 담은 완공 예상도 이미지가 공사장 울타리에 붙어 있는 것을 본 경험이 있을 것이다(사진 1.2). 안락하고 쾌적하며 풍요로운 삶을 약속하는 이미지다. 이런 조감도 속에서는 날씨조차도 완벽하다. 지리학자 질리언 로즈는 이런 이미지를 '자본을 유혹하는 이미지'라고 지적한다.[5] 심지어 이런 이미지는 어떤 이들에게는 위협이 되기도 해서, 최악의 경우 이런 그림이 들어서면 원래 이

사진 1.2

22 비숍게이트 빌딩이 공사 중이던 2016년 당시 개발사 CBRE 그룹이 붙여놓은 완공 예상도.(2016년 사진)

곳에 살던 소득이 낮은 이들이 소득이 높은 부유한 이들에 의해 쫓겨나는 상황이 벌어진다.[6] 내가 이 책을 쓰는 시점에는 런던시가 부족한 재정을 메꾸기 위해 공영주택을 영리 목적으로 판매하자, 런던의 주거 활동가들이 이에 항의하기 위해 런던시가 여기저기 붙여놓은 이미지들을 공격하는 일이 벌어지기도 했다. 이런 맥락의 이미지는 위험한 존재가 될 수 있다.

이처럼 이미지와 상품은 연결되어 있는데, 이는 다음 두 단어에서도 확인할 수 있다. 영어 단어 'speculate'는 '내다보고 추측하다'라는 기본 뜻과 '이익을 얻을 수 있는 기회를 내다보고 투기하다'라는 뜻을 함께 가지고 있다. '스펙터클spectacle'은 이미지와 상품을 더 강력히 묶는 단어다. 프랑스의 사상가 기 드보르는 "스펙터클은 자본이 고도로 집중되어 이미지가 된 것"으로 정의했다.[7] 우리가 드보르의 말을 액면 그대로 받아들인다면, 우리는 보기 그리고 시각적인 것 일반을 대할 때 더 신중해야 한다. 보기는 중립적이고 무해한 것으로 보일 때조차 실제로는 그렇지 않다.

나는 미술사 연구자로서 교육받았다. 미술사에서는 이미지가 지니고 있는 진정한 의미를 존중하는 훈련을 받는다. 이미지를 보이는 그대로 무비판적으로 받아들여서는 안 된다는 것을 배우며, 이미지의 의미는 고정되어 있는 것이 아니라 시간이 흐름에 따라 변화한다는 것을 배운다. 그러므로 과거의 미술사가들이 도시의 이미지를 어떻게 보았는지는 지금 우리가 도시를 보는 데 참고할 만한 가치가 있다. 하지만 그들의 방법론이 모두 옳은 것은 아니다. 어떤 미술사가들은 도시의 이미지를 모두 일종의 미술 작품으로 보았다. 빅토리아 시대의 중요한 평론가인 존 러스킨이 1851년부터 1853년 사이에 쓴 기념비적인 저서 『베네치아의 돌』 3부작이 그런 관점의 소산이다. 러스킨은 이 책에서 도시를 걸작 석재 건축물들이 모여 있는 일종의 야외 미술관으로 본다. 그는 도시의 구체적인 삶과 경제에 대해서는 별 관심을 기울이지 않았다. 러스킨의 사례를 반면교사로 삼을 필요가 있다. 우리는 어떤 사물이 보이는 방식이 곧 사물이 지닌 의미가 아니라는 것을 인지해야 한다. 또, 사람들이 어떤 이미지에 대해 관습적으로 생각하는 방식이 그것의 실제 의미가 아닐 수 있음을 민감하게 느껴야 한다. 그리고 사물이 보이는 방식과 우리가 사물을 보는 방식이 고정되어 있는 것이 아님을 받아들여야 한다.

내가 이 책에서 기술하는 도시 형태는 대부분 어느 시대의 도시에라도 적용할 수 있는 것들이다. 그러나 그 형태의 일부는 최근의 변화, 즉 도시들이 자기 자신을 세계도시로 투영하기 시작한 이후의 변화에만 해당하는 것들이다. 그 변화란 21세기 초 전 세계적으로 도시의 인구가 급속하게 성장한 현상이다. 2007년에 발표된 유엔 인구현황보고서는 세계인구의 상당수는 현재에도 도시에 살고 있지만 그 비율은 앞으로 더 증가할 것이라고 예측했다.[8] 과거 도시들에서 인구가 도시 주변부로 분산되는 도심공동화가 일어났다면, 지금 도시들에서는 인구와 자본이 다시 중심으로 몰리고 있다는 것이다. 부유한 세계도시의 중심에 자본이 집중되는 정도는 충격적이다. 샌프란시스코는 2017년 '평균' 집값이 무려 1500만 달러를 기록하며 세계에서 가장 비싼 도시가 되었다.[9] 자본이 성장하면 인구도 성장한다. 런던 인구는 1980년부터 2015년 사이에 200만 명이나 증가했다.[10] 이 책을 쓰고 있는 2018년 기준으로 런던 인구의 증가는 성장을 멈춘 것으로 보이지만, 그럼에도 도시들이 성장하고 있는 정도는 상당히 놀랍다.[11] 자본과 인구가 도시에 집중되면서, 전 세계 도시는 지금 놀라울 정도로 성장하고 있다. 미국 저널리스트 앨런 에런홀트는 도

사진 1.3

런던 카나리 워프 지역의 모습. 이 스펙터클한 스카이라인은 1986년 대처 정부가 실시한 금융 시장 규제 완화와 함께 시작된 30년 동안의 개발이 만든 결과다.(2015년 사진)

시의 중심이 공동화되는 '도넛 현상'과 반대로 도시의 중심에 자본과 인구가 몰리는 현상을 '거대한 도심 회귀 현상The Great Inversion'이라고 부른다.[12] 이제 도시는 다시 자본이 집중되는 곳이 되었다.

현대 도시들이 이처럼 자신의 존재감을 드러낼 때 많은 경우 건물의 형태를 통해서나 도시에 대한 그럴듯한 미디어 재현을 통해서 또는 이 둘의 조합으로 도시는 자신에 대한 긍정적인 이미지를 창조한다. 프랑스 문화 이론에 익숙한 연구자라면, 이 이미지들이 '기호sign'라는 것을 잘 알 것이다. 장 보드리야르가 주장했듯 기호는 그것이 참고하는 대상과 무관하게 자신만의 특수한 경제 안에서 작동한다. 보드리야르가 말한 이 '기호의 정치경제학'은 도시에 딱 맞아떨어진다.[13] 도시의 시각화를 보여준 중요한 행사로 런던 정치경제대학교 도시학과 교수 리키 버뎃이 기획한 두 전시 2006년 베네치아 비엔날레 건축전 〈도시: 건축과 사회〉[14], 그리고 이 전시를 조금 수정한 2007년 테이트모던 전시 〈세계도시〉[15]를 들 수 있다. 두 전시는 전례 없는 수준의 정교한 시각적 이미지들을 활용하여, 도시가 다시 정치적, 경제적 중요성을 지닌 공간으로 부상하는 현상을 기념했다. 이를 위해 두 전시는 전례 없는 수준의 정교한 시각적 이미지를 활용한다. 이 전시들은 이런 공적 맥락에서는 처음으로, 대규모의 경제적 데이터와 인구통계학적 자료를 시각화하여 도시가 변화하는 속도와 규모를 극적으로 보여주었다. 이 전시들이 열린 공간들 또한 전시된 데이터의 방대한 규모에 걸맞은 것이어서, 베네치아 비엔날레 건축전은 18세기에 지어진 조선소이자 병기창 복합단지를 개조한 아르세날레 디 베네치아Arsenale di Venezia에서, 테이트모던 전시는 테이트모던이 화력발전소였던 시절 터빈과 기계설비가 있던 초대형 터빈실을 개조한 터빈홀에서 열렸다. 두 공간 모두 미술관 전시 공간으로서는 최대 규모에 해당하는 곳들이다. 여기서 전시된 도시들의 이미지들은 그 거대한 규모 때문에 일종의 숭고미까지 자아냈다. 테이트모던 전시를 통해 특히 유명해진 사진 한 장이 있다. 브라질 사진작가 투카 비에이라가

상파울루의 빈민 지역 파라이조폴리스 파벨라를 찍은 사진이다. 사진 왼쪽에는 쓰러져가는 빈민가 주택들이 밀집되어 있는 파라이조폴리스 파벨라가 보이고, 오른쪽에는 수영장까지 딸린 최고급 아파트 단지가 보인다. 두 동네는 담장 하나를 사이에 두고 나란히 붙어 있다. 이 사진은 지금도 경제적 불평등을 상징하는 사진으로 널리 회자되고 있다. 하지만 비에이라의 사진은 동시에 (풍부한) 상상력을 자극하는 위험한 사진이기도 하다. 비에이라는 도시의 스펙터클을 비판하고자 이 사진을 찍었지만, 이 사진은 어떤 면에서 그 스펙터클을 무의식적으로 재생산하며 승인한다. 비에이라의 사진은 이미지가 지닌 이런 양가적인 힘을 보여준다는 점에서도 중요한 작품이다.

도시의 시각화가 사진, 또는 그 가까운 형태인 건축적 시각화의 형태로만 이루어진 것은 아니다. 전 세계 도시들은 주목을 끄는 것을 목적으로 하는 건물들, 이를테면 미술관, 문화적 건물, 마천루, 랜드마크 등을 지음으로써 스스로 가시화되었다. 아이콘적 건물이라는 논리는 건축 역사에서 언제나 중요했지만, 21세기에 들어서 이런 건물에 특화한 건축가들의 작품이 부상하면서 그 힘이 더욱 커졌다. 아이콘적 건축물로 잘 알려진 건축가들로는 프랭크 게리, 장 누벨, 대니얼 리버스킨드, 자하 하디드 등이 있다.[16] 아이콘의 논리는 브랜드화의 논리다. 이런 건축물의 가장 큰 목표는 어떤 실질적인 쓰임새가 아니라 그 건축물을 다른 공간과 차별화함으로써 홍보 효

사진 1.4

브라질 상파울루의 대표적인 빈민가 파라이조폴리스 파벨라. 뒤쪽으로는 부촌 모룸비의 고층 아파트가 보인다.(2009년 사진)

과를 만드는 것이다. 아이콘적 건축물의 논리는 과거에는 주로 문화적 용도의 건물에 한해 적용되었지만, 이제는 자산가치를 높여야 하는 초호화 아파트나, 다른 조직과 기업가치를 차별화해야 하는 기업 빌딩에도 고루 적용되고 있다. 런던에 세워진 아이콘적 건축물들의 이름은 이들의 차별화된 독특한 외양을 방증하는데, 이를테면 레든홀 스트리트 빌딩은 '치즈 강판The Cheesegrater', 30 세인트 메리 액스 빌딩은 '오이지The Gherkin', 20 펜처치 스트리트 빌딩은 '워키토키The Walkie-Talkie'이라는 별칭을 가지고 있고, 더 샤드 빌딩The Shard은 '샤드'라

사진 1.5

30 세인트 메리 액스 빌딩. 건축가 노먼 포스터의 설계로 2003년 완공되었다.(2018년 사진)

는 단어 자체가 '유리조각'이라는 뜻이다. 이 빌딩들은 각각 수 킬로미터 떨어진 거리에서도 육안으로도 다른 건물들과 선명하게 구분되는 하나의 기호 역할을 한다.

아이콘적 건축물들이 많아지면서 도시의 전망을 한눈에 볼 수 있는 공간도 함께 늘어났다. 1980년대 중반까지만 해도 런던에서 시내의 모습을 한눈에 조망할 수 있는 공간은 거의 없었다. 하지만 이제 런던에도 그런 공간은 넘쳐난다. 샤드 빌딩의 전망대나, 초대형 관람차인 런던 아이가 그런 예다(참고로 런던 아이를 설계한 막스 바필드 건축사무소Max Barfield Architects는 런던 아이 외에도 높은 공간에서 도시를 조망할 수 있는 건물들을 다수 설계했다). 이런 곳에서 도시의 모습을 한눈에 내려다보는 경험은 이제 많은 경우 문화를 경험하는 일로 포장된다. 테이트 모던도 2016년 헤어초크 & 드 뫼롱의 설계로 미술관을 증축하면서 런던 시내를 360도로 볼 수 있는 전망대를 설치했다.[17] 이 전망 공간들은 '보기'를 위한 공간이기도 하지만, 동시에 '투기'를 장려하는 공간이기도 하다. 더 샤드의 전망대에서는 더 샤드가 위치해 있는 런던의 금융 지구인 '시티 오브 런던'을 내려다볼 수 있을 뿐 아니라, 런던의 어느 지역이 저개발되어 있는지, 어느 지역이 더 개발될 여지가 있는지도 한눈에 파악할 수 있다. 이 전망 공간들은 그곳의 이용자들을 관광객으로 만들기도 하지만, 부동산 개발자로 만들기도 한다.

현대 도시는 대규모 행사에서 빌딩과 조명과 음향을 활용해 도시를 하나의 브랜드로 시각화하기도 한다. 2012년 런

사진 1.6
런던 시내가 내려다보이는 테이트모던 전망대.(2016년 사진)

던 올림픽은 스포츠 행사이기도 했지만, 실은 런던을 브랜드로 만드는 행사에 더 가까웠다. 런던 올림픽은 행사를 위해 지어진 경기장들을 육상이나 수영 경기에만 이용한 것이 아니라, 런던을 시각화하는 데도 적극적으로 활용했다. 올림픽에 맞춰 새로 건설한 고속철도 역이나 템스강을 가로지르는 케이블카 역시 런던을 일종의 극장이자 무대로 연출하는 극적인 장치였다. 잘 연출된 개막식과 폐막식도 런던을 하나의 이미지로 만드는 데 크게 기여했다. 런던 올림픽은 1992년 바르셀로나 올림픽, 2000년 베이징 올림픽이 그랬던 것처럼, 도시가

사진 1.7

싱가포르의 중심 업무 지구 전경. 마리나 베이 샌즈 호텔에서 내려다본 모습이다.(2015년 사진)

가지고 있는 역사적 건축물과 현대적 건축물을 잘 활용하고, 건축물의 규모에 가까운 스펙터클을 연출함으로써 런던이라는 도시를 세계 앞에 성공적으로 시각화할 수 있었다.

도시의 이미지는 올림픽처럼 눈에 띄는 거대한 건축적 스펙터클의 형태로도 늘어나고 있지만, 또 한편으로는 우리가 미처 의식하지 못하고 있는 형태로도 크게 늘어나고 있다. 도시의 이미지는 이제 영화, 텔레비전, 미술 작품처럼 전문 영역에서만 생산되는 것이 아니다. 2007년 애플이 아이폰을 출시하면서, 전문적인 이미지 생산자가 아닌 평범한 사람들도 도

사진 1.8

테이트모던의 터빈홀. 헤어초크 & 드 뫼롱의 작품이다. 화력발전소였던 이 건물은 이제 전 세계에서 방문객이 가장 많이 찾는 현대미술관이 되었다.(2016년 사진)

시의 이미지를 생산할 수 있게 되었다. 도시의 이미지가 많아진 것은 비교적 최근의 일이다. 2001년 나는 1960년대의 브라질리아를 연구하고 있었다. 당시 영국에 있던 나는 브라질리아의 모습이 담긴 사진을 찾는 데 큰 어려움을 겪었다. 나는 몇몇 건축 잡지들을 뒤지고서야 1960년 브라질리아가 막 완공된 직후에 찍힌 유명한 사진 몇 장을 흑백으로 겨우 구할 수 있었다. 하지만 그게 내가 구할 수 있는 브라질리아 사진의 사실상 전부였다. 영국도서관을 다 뒤져도 마찬가지였다. 브라질에서 출간되는 건축 잡지를 구하는 것도 쉬운 일이 아니었다. 브라질리아라는 도시를 구체적으로 다룬 책도 없었다. 영화나 텔레비전에서도 뉴욕이나 파리는 수없이 나오지만, 브라질리아가 나오는 일은 없었다.

브라질리아의 거리와 상점과 쇼핑몰과 식당이 어떤 모습인지, 사람들의 옷차림은 어떤지, 브라질리아 국회 의사당 주변 공간은 어떤지 등을 보여주는 사진은 아예 한 장도 찾을 수 없었다. 유일한 방법은 직접 그곳으로 가는 것뿐이었다. 결국 나는 연구기금을 받아 브라질리아로 떠났다. 지금은 구경하기도 어려운 엄청나게 크고 무거운 카메라를 들고 다니며 직접 브라질리아의 모습을 찍었다(사진 1.9). 이제는 상황이 완전히 달라졌다. 브라질리아 사진이라면 인터넷에서 너무나도 간단히 찾을 수 있다. 기술이 발달하면서, 도시의 이미지는 차고 넘치게 되었다. 모든 사람이 일종의 아마추어 건축 사진가인 시대가 되었다.

사진 1.9

브라질리아의 삼권광장. 브라질리아는 1960년 계획도시로 완공된 이래 브라질의 정치적 중심지 역할을 해오고 있다.(2001년 사진)

기술이 발달하면서 이상적이지 않은 환경에서도, 또 찍는 대상을 크게 방해하지 않고도 사진과 영상을 찍을 수 있게 되었다. 전문적인 용도로 사용되는 사진의 품질도 혁신적으로 향상되었다. 새로운 부동산 개발은 이제 그곳에 입주할 이들의 라이프스타일을 상세하게 보여주는 거대하고도 정교한 이미지들로 홍보된다. 이런 초고해상도의 이미지들이 증가하면서, 이런 이미지들의 렌더링 작업을 전문적으로 담당하는 렌더 팜render farm이라고 불리는 회사들도 중국과 한국에 많이 세워졌다.

물론 도시의 이미지를 재생산하는 다양한 새로운 방식이 만들어지고 있는 지금도, 도시의 이미지는 영화, 텔레비전, 미술 등에서 여전히 기존 방식으로 생산되고 있다. 이와 같은 사실에도 내가 이 책에서 강조하고자 하는 바는 도시의 이미지가 실제 도시 사이와 맺는 관계가 과거에 비해 훨씬 독립적이 되었다는 사실이다(이는 이미지의 경제가 과거보다 훨씬 광범위해졌고, 또 새로운 기술의 등장에 따라 전문 이미지 생산자와 아마추어 이미지 생산자의 격차가 줄어들었음에 기인한다). 그렇기 때문에 나는 이 책에서 분과 사이를 바쁘게 움직이며 건축과 영화와 대중매체를 모두 다룰 것이다. 이제 우리가 모두 도시가 보이는 방식에 영향을 미치고 있기 때문이다. 도시의 외관을 만드는 주체가 설계자만은 아닌 것이다.

이미지로 포화된 지금 시대에 우리는 도시를 무엇보다 이미지로 경험한다. 그렇다면 우리는 도시를 어떻게 보아야 할까? 이미지와 보기의 문제를 어떻게 생각해야 하며 우리가 보는 것과 그 이면의 역사적, 사회적, 경제적 현상을 어떻게 관계지어야 하는가.

그들이 말하는 도시 '보기'

인문학 분야에서 도시를 연구하는 연구자들에게 가장 익숙하면서도 유용한 개념 하나는 '스펙터클'이다. 스펙터클은 1967년 기 드보르가 『스펙터클의 사회』에서 사용하면서 널리 알려진 개념이다. 드보르가 이 책을 쓴 맥락은 이후 소비사회로 불리게 되는 것, 즉 재화·서비스의 소비, 그리고 대중문화의 성장에 기반한 경제 성장 모델이다.[18] 드보르는 자본이 고도로 집중되면 그것이 결국 이미지가 되어 스펙터클이 된다고 주장했다. 지금은 너무 익숙해서 별로 새롭게 느껴지지 않는 감이 있지만, 드보르의 이 상황주의적Situationist 통찰은 연구자들에게 도시를 시각 문화적 각도에서 접근할 수 있도록 해주는 새로운 어휘와 분석의 틀을 제공해주었다.

드보르의 관점은 이후 나온 여러 비판적 도시 연구에 영향을 미쳤다. 도시에 관한 책을 읽다 보면 도시를 이미지가 주거, 식량, 분배의 문제를 은폐하는 시뮬라크라의 세계로 기술하는 묵시록의 분위기를 띤 책들을 피할 수 없다. 미국의 사회학자 마이크 데이비스가 쓴 『공포의 생태학』이 그런 도시연구서의 대표작이다. 책에서 데이비스가 분석하는 영화 〈블레이드 러너〉는 그런 도시의 모습을 잘 보여준다.[19]

드보르가 도시 연구에 많은 영감을 미친 것은 사실이지만, 그가 도시 자체를 직접 다룬 것은 아니었다. 드보르가 주창한 상황주의의 자장에서 하나의 도시를 구체적으로 살펴본 연구로는 영국의 미술사학자 T. J. 클라크가 쓴 『근대적 삶의 회화』가 있다.[20] 상황주의 인터내셔널의 회원이기도 했던 클라크는 19세기 회화를 중심으로 파리의 모습을 자세히 들여다본다. 클라크의 책은 표면적으로는 프랑스 인상주의 회화에 관한 책이지만, 실은 도시의 스펙터클을 분석한 책에 가깝다. 클라크는 19세기 도시의 현실이 인상주의 화가들에 의해 어떻게 재현되는지, 또 그 재현이 어떤 기호로 작용했는지를 분석한다. 그는 파리의 현실이 파리를 재현한 이미지들과 불가분의 관계에 있음을 간파했다. 파리는 건축은 물론 파리를 재현한 회화, 인그레이빙 판화, 에칭 판화, 만화, 소묘, 사진과도 뗄 수 없는 관계에 있었다. 독재자 나폴레옹 3세의 지시로 진행된 19세기 중반의 파리 개조 사업, 일명 오스만 계획은 단순히 도로를 건설하는 과정이 아니었다. 그것은 다매체 문화로 변화하던 당시에 대한 일련의 예술적 반응이기도 했다. 관점을 이렇게 바꾸는 것도 일종의 전복이다. 즉, 보기의 방식 자체가 비판의 몸짓이 될 수도 있는 것이다. 클라크는 도시를 볼 때 아름다운 것만 보려 해서는 안 된다고 강조한다. 많은 사람은 인상주의 화가들이 센강의 아름다운 풍경을 묘사했다고 관습적으로 생각한다. 하지만 인상파 화가들의 작품을 자세히 보면 인상주의 화가들이 산업화 시대에 막 등장하기 시작한 우중충한 공장들, 그리고 시커먼 연기가 뿜어져 나오는 굴뚝을 그렸다는 것을 깨닫게 된다. 클라크의 책은 미술사 서적이지만, 도시에서 우리가 보는 것과 실제 우리 눈앞에 있는 것이 다르다는 것을, 또 도시 경관이 여러 프로세스의 결과라는 것을, 그리고 도시의 시각 문화가 도시의 무의식을 보여주고 있다는 것을 일깨워주는 책이기도 하다.

클라크가 도시의 건축 환경이 건축가의 의도에 따라 결정되는 것이 아니라고 꿰뚫어 볼 수 있었던 것은 그 자신이 건축과 무관한 사람이었기 때문일 것이다. 하지만 건축가나 건축과 관련된 이들 중에서도 클라크처럼, 설계가 모든 것을 결정하는 것이 아님을 주장을 한 이들이 여럿 있다. 건축가 르코르뷔지에는 이미 1922년에 『건축을 향하여』에서 그런 주장을 했다.[21] 그는 건축가는 근대 산업 시대에 부합하지 않는 전통적인 건축 양식을 버리고 새로운 건축 양식을 찾아내야 하는데, 그러기 위해서는 (『건축을 향하여』의 한 장의 제목이기도 한) '보지 못하는 눈'을 버리고 대형 여객선, 비행기, 자동차, 미국식 대형 곡물 창고처럼 이미 존재하는 것들에서 새로운 시대에 부합하는 건축 양식을 볼 수 있어야 한다고 주장한다. 그는 이 책, 그리고 『내일의 도시The City of Tomorrow』라는 책에서 건축가는 보이는 것만을 볼 것이 아니라, 보이지 않는 것 속에서도 중요한 것들을 볼 수 있는 능력을 지녀야 한다고 강조한다. 최고 수준의 건축 서적들은 관점과 내용은 저마다 다를지라도 모두 이와 같은 주장을 담고 있다. 미국의 도시 운동가 제인 제이콥스가 1961년에 쓴 영향력 있는 저서 『미국 대도시의 죽음과 삶』도 그런 책이다. 제이콥스는 도시개발의 논리가 도시의 현재 모습에서 문제만을 발견한다고 지적한다. 그러고는 도시들에는 눈에 바로 보이지 않는 다양성과 깊이가 있으므로, 그 보이지 않는 도시의 미덕을 보는 것이 중요하다고 주장한다(재미있게도 제이콥스는 독자들에게 도시를 유심히 볼 것을 주문하면서도 책에 사진과 그림을 한 장도 싣지 않았다).[22] 비슷한 시기에 건축가 케빈 린치가 쓴 『도시의 이미지』도 비슷한 주장을 담고 있다(이 책에는 제이콥스의 책과 달리 사진, 도면, 지도가 풍부하게 실려 있다). 린치는 미국 도시들의 여러 이미지를 면밀히 분석하고, 이를 기반으로 그 도시들에 사는 이들을 인터뷰한다. 이어서 도시에 사는 이들이 자신이 속해 있는 도시 환경의 이미지들을 어떤 기호로 읽고 있는지 살펴본다.[23] 제이콥스와 린치는 모두 비슷한 결론을 내린다. 그들은 문제가 있는 구역을 완전히 허물고 재개발하기를 원하는 모더니스트들을 비판하면서, 도시의 문제를 해결하려면 지금 있는 것을 재생해서 사용해야 한다고 주장한다.

로버트 벤투리와 데니스 스콧 브라운은 그들이 함께 쓴 『현대 건축의 복잡성과 모순Complexity and Contradiction in Modern Architecture』 그리고 『라스베이거스의 교훈』에서 도시를 대할 때는 열린 태도를 갖고 보는 것이 중요하다고 강조한다. 벤투리와 스콧 브라운은 『라스베이거스의 교훈』에서, 당시에는 건축가들로부터 아무 관심도 받지 못하던 라스베이거스를 섬세하게 분석한다. 그러고는 열린 태도를 지녀야 우리 눈에 보이는 이미지에서 보이지 않는 의미를 찾아낼 수 있다고 주장한다. 이들은 라스베이거스의 도박장, 리조트 호텔, 카지노, 주차장과 같은 공간들의 의미를 라스베이거스에 대한 일반적인 통념에 기대지 않고, 비판적으로 찾아낸다. 벤투리와 스콧 브라운의 태도는 이후 도시 연구에 큰 영향을 미쳤다. 그런 흥미로운 연구 프로젝트 중 하나가 다큐멘터리 〈라고스: 와이드 앤드 클로스〉이다.[24] 건축가 렘 콜하스가 다큐멘터리 감독 브레흐터 판데르하크와 함께 나이지리아의 최대도시 라고스에 대해 찍은 작품으로, 이들은 시종일관 모든 선입견을 배제한 채 이 아프리카 도시를 자세히 관찰한다. 벤투리와 스콧 브라운은 도시에서 자신들이 원하는 것만 보려 하지 않고, 실제로 도시에 있는 것을 관찰함으로써 도시를 이해하고자 하는 열린 태도의 연구자들이었다. 이런 열린 태도가 돋보이는 또 다른 도시 연구서로는 영국 건축가 레이너 밴험의 『로스앤젤레스: 네 가지 생태계의 건축』이다.[25] 밴험은 로스앤젤레스를 전통적인 도시의 안팎이 뒤집힌 도시라고 보았고, 그래서 그 도시를 더 좋아했다. 밴험은 자신이 코톨드 미술대학교에서 배운 기존의 미술사적 방법론으로는 로스앤젤레스를 분석할 수 없다고 여겼고, 대신 '거기' 있는 것을 정확히 보면서 눈앞에 있으면서

사진 1.10

캘리포니아의 405번 고속도로와 100번 고속도로가 교차하는 입체교차로를 로스앤젤레스 국제공항에 착륙하면서 찍은 사진. 다큐멘터리 〈레이너 밴험, 로스앤젤레스와 사랑에 빠지다Reyner Banham Loves Los Angeles〉를 보면 밴험이 외국인으로서 이 복잡한 입체교차로를 통과하면서 느낀 점이 잘 담겨 있다.(2018년 사진)

도 잘 보이지 않는 것을 보는 방법론을 택했다. 밴험은 로스앤젤레스를 기존의 도시들과 달리 기념비적 건축물이 별로 없는 도시로 보고, 로스앤젤레스 도심의 기념비적 건축물에 대해서는 아주 짧게만 기술하고 넘어간다(그는 책의 여덟 챕터 가운데 한 챕터에만 기념비적 건축물을 할애했다). 밴험이 로스앤젤레스의 모습을 이해하는 데 중요하다고 본 것은 고속도로를 포함하는 교통 기반 시설의 개발, 태평양 연안 해변, 테크놀로지와 같은 요소들로, 이는 내가 말하는 프로세스에 해당하는 것들이다. 이것들은 전통적인 건축의 범주에 들어가는 것도 아니고 교통 기반 시설을 제외하면 명확한 설계자가 있는 것도 아니지만 도시의 모습을 이해하는 데 매우 중요하다. 밴험은 특히 로스앤젤레스의 고속도로를 기념비적 건축물이 아닌 일상적인 퍼포먼스의 무대, 즉 인간과 기계, 규율과 자유의지가 멋들어진 춤을 추는 무대로 보았다(이와 관련해서는 이후 다시 언급할 것이다).

지금까지 보기와 건축의 문제를 다룬 중요한 책들을 간략히 살펴보았다. 미술사 커리큘럼에서 빠지지 않는 중요한 책들이라 도시와 보기의 문제에 관심이 있는 독자라면 이 책들을 출발점으로 삼으면 좋을 것이다.

하지만 문제가 하나 있다. 밴험의 책뿐 아니라 내가 쓰고 있는 이 책도 그 문제에서 자유롭지 않다. 그것은 이 책들의 저자가 결국은 '관광객', 요컨대 자신이 기술하는 현상으로터 본질적으로는 떨어져 있는 이들이라는 점이다. 이같은 사실은 보는 이로 하여금 특별한 종류의 보기를 수행하도록 유도한다. 문화를 연구하는 사회학자 존 어리는 이를 '관광객의 시선tourist gaze'으로 부르며, 이 보기의 양식은 필연적으로 보기의 대상을 타자화한다고 지적한다. 존 어리는 "시선은 관광객이 맞닥뜨리는 것들을 '타자'화함으로써, 시선의 주체인 관광객에게 권한과 쾌락의 감각을 제공하고, 그 경험을 구조화한다"고 주장하며, '관광객의 시선'을 세상에 대한 우리의 경험에 구조를 부여하는 근대적 '시선'의 하나로 평가한다.[26] 나의 책을 포함하여 도시를 다루는 많은 책들이 관광객에 의해 쓰였다는 점에서 '관광객의 시선'이라는 개념은 유용하다. 관광객도 많은 일을 할 수 있다. 하지만 그는 결국 집으로 돌아가는 존재다. 이는 영국인인 존 러스킨이 베네치아를 여행하며 쓴 『베네치아의 돌』 같은 책들에만 해당하는 것이 아니다. 밴험의 로스앤젤레스 연구서 『로스앤젤레스』 같은 책들도 정확히 관광객의 시선에서 쓰인 책이다. 밴험의 '관광객의 시선'은 그 정도가 더 심하다. 그는 책 속에서 자신이 로스앤젤레스의 외부자라는 사실을 끊임없이 상기시킨다. 밴험은 책을 이렇게 시작한다. "과거 영국 지식인들이 단테의 『신곡』을 제대로 이해하기 위해 이탈리아어를 배웠듯이, 나는 로스앤젤레스를 제대로 이해하기 위해 로스앤젤레스에서 운전하는 법을 배웠다."[27] 밴험은 낯선 도시를 탐험하는 외국인의 역할을 만끽하며, 로스앤젤레스에 대한 경이와 감탄을 끊임없이 쏟아낸다. 어쩌면 그가 그럴 수 있었던 데는 그가 로스앤젤레스의 어두운 면들, 이를테면 인종 문제나 계급 문제에 고통받지 않아도 되는 외국인이었기 때문이었을지도 모른다. 벤험의 책은 로스앤젤레스에서 활동했던 미국의 미술비평가 피터 플라겐스로부터 다음과 같은 혹독한 평가를 받아야 했다. "그 영국인 새끼가 로스앤젤레스에서 평생 살아봤다면 그런 헛소리는 지껄이지 못했을 것이다."[28]

이 책에서 '관광객의 시선'이라는 문제를 해결했다고는

말하지 못할 것 같다. 내가 상당히 잘 안다고 생각하는 도시들에서조차도 나는 결국 관광객일 수밖에 없다. 차라리 나는 내가 관광객의 시선으로 볼 수밖에 없다는 사실을 인정하고 시작하고자 한다. 스마트폰을 포함해 이미지를 만드는 테크놀로지에는 우리가 어디에 있든 우리를 관광객으로 만드는 힘이 있다. 내 방법론의 일부는 특정한 도시들에 대해 기술하는 것이 아니라, 시간과 공간을 가로지르는 분석 범주를 사용하여 '도시' 전체에 대해 이야기하는 것이다. 이 책 안에 관광객이 있다면 그는 시차에 고생하면서, 여러 시간대에 걸쳐 있는 거대 도시들을 왔다 갔다 하느라 숨을 헐떡거리는 관광객일 것이다. 그럼에도 세계도시의 시각적 재현에는, 그 재현이 건축, 광고, 미술, 예술 무엇이든 간에 어떤 일관성이 존재한다. 이것이 내가 이 책에서 밝히고자 하는 바다.

모든 책이 그렇듯이, 이 책은 저자의 특수한 경험에 의존하여 쓰였다. 나는 어린 시절부터 청년 시절까지를 1970~1980년대의 맨체스터에서 보냈다. 내 맨체스터 시절에 대한 기억은 강렬하다. 당시 맨체스터는 경제적으로 몰락해 있던 때였음에도 대중음악이라는 측면에서는 영국 그 어느 도시보다도 살아 있는 에너지를 발산했기 때문이다. 그때의 맨체스터는 도시의 이상적인 모습은 어떠해야 한다고 말하는 공식적인 관점에서 크게 벗어나 있었다. 나는 맨체스터 대중음악계의 역사를 잘 기술한 유명 디제이 데이브 해슬람의 책을 읽으면서, 그런 식의 공식적인 관점에 비판적으로 접근하는 것이 중요하다는 점을 깨달았다.[29] 1990년대 초에는 잠시 마드리드에서 살았다. 나는 여기서 도시를 읽는다는 것이 어떤 작업인지를 처음 배웠다. 당시는 마드리드가 경제 호황에 힘입어 크게 발전하던 시절이었고 자고 일어나면 새로운 건물이 올라가 있었다. 나는 하루가 다르게 커지는 파리의 모습에 놀라고 당황하던 19세기 프랑스 사람이 된 기분으로, 급속도로 성장하는 마드리드의 모습을 실시간으로 관찰할 수 있었다. 이후 나는 뉴욕을 비롯한 여러 미국 도시들을 발로 뛰며 도시에 대한 학문적 연구를 본격적으로 시작했다. 2000년대 초에는 브라질에서 상파울루를 연구했다. 이때부터 나의 '관광객의 시선'을 인지하고 받아들이기 시작했다.[30] 지금은 에든버러 대학교에서 일하고 있다. 에든버러는 큰 도시는 아니지만, 세계 도시가 되려는 야망과 자의식을 품고 있는 도시다. 에든버러 프린지 페스티벌이라는 세계 최대 규모의 공연예술 축제가 열리는 시기 동안에는 특히 더 그렇다. 에든버러에는 자신의 도시가 외부 세계에 어떻게 보일 것인가라는 자의식을 지닌 공간이 많다. 특히 19세기에 개발된 뉴타운 지역이 그렇다. 과거 화산이었던 언덕 지형을 이용해서 도시를 내려다볼 수 있도록 만든 성이나 요새도 많다. 에든버러는 '도시는 왜 지금처럼 보이게 된 것일까?'라는 이 책의 중심 질문의 출발점으로 삼기에 좋은 도시다. 도시 자체가 그 질문을 던지고 있기 때문이다. 에든버러 성 근처에는 '아웃룩 타워Outlook Tower'라는 작고 이상한 도시박물관이 하나 있다. 도시 계획의 선구자 패트릭

게디스가 1892년부터 1932년까지 관리하며 도시 연구 공간으로 사용하던 건물이다. 이곳에서는 에든버러 시내의 모습이 잘 보인다. 에든버러 시내의 모습은 성 꼭대기의 전망대에서도 볼 수 있지만, 렌즈와 거울을 이용해 만든 카메라 오브스쿠라라는 특수장치를 통해서도 볼 수 있다. 게디스는 도시를 도시 설계자들의 의도를 중심으로 이해하지 않았다. 그는 지형과 기후와 같은 요소들이 도시 경관에 큰 영향을 미친다고 보았다. 또 도시의 변화와 이미지를 중요하게 생각했다. 게디스는 이 책에서 사용하는 용어로 말하자면 도시를 프로세스로 본 선구적인 인물이었다.

도시에서 무엇을 보아야 하는가

이 서론을 마무리하기 위해 우리의 시작점인 베네치아로 돌아가 질문을 던져보자. 지금까지 살펴본 접근법을 반영할 때 우리는 베네치아를 어떻게 기술할 수 있을까. 앞에서 살펴본 작업들에서 힌트를 얻자면, 우리는 바로 지금 시대에 우리가 직접 경험하고 있는 모습을 중심으로 베네치아를 기술해야 할 것이다. 그러려면 베네치아가 지니고 있는, 세계에서 가장 발달한 관광도시로서의 면모를 살펴야 한다.

가장 먼저 생각할 수 있는 한 방법은 관광객이 공항에 내려 베네치아까지 들어가는 과정을 중심으로 삼는 것이다. 공항에서 내려, 기차를 타고 베네치아섬으로 이어지는 긴 둑길을 건너, 로마 광장에 도착한 다음, 파시스트 시대에 지어진 커다란 주차 시설을 지나, 크루즈선을 타는 과정을 중심으로 베네치아를 설명하는 것이다. 또는, 3000만 명이나 되는 관광객이 어디서 머물고, 어떻게 이동하는지, 이들 관광객을 위한 인프라는 무엇이 있는지를 중심으로 쓸 수도 있다. 아니면, 지

사진 1.11

맨체스터의 캐슬필드 문화유산공원. 세계 최초의 산업도시 맨체스터의 역사를 보여주는 곳이다.(2017년 사진)

난 2세기에 걸쳐 베네치아가 어떻게 관광도시가 되었는지, 그리고 관광도시라는 이미지에 부합하도록 베네치아가 어떤 식으로 고안되어 왔는지를 중심으로 쓸 수도 있다. 또는, 베네치아가 부유한 도시임에도 왜 언제나 쇠락한 도시의 이미지로 상상되는지, 그런 낭만적인 이미지가 베네치아에 어떤 의미를 지니는지를 중심으로 쓸 수도 있다. 베네치아시가 관광객의 행동을 어떻게 규율하는지를 인류학적으로 고찰해보는 수도 있다(산마르코 광장에서는 지정된 장소가 아닌 곳에서 자리에 앉거나 음식을 먹기만 해도 벌금이 부과된다). 베네치아 비엔날레라는 대규모 행사를 중심으로 베네치아를 쓸 수도 있고, 작은 도시 베네치아가 어떻게 그렇게 많은 수의 관광객을 수용할 수 있는지를 중심으로 쓸 수도 있다. 문화적, 정치적 이유로 새로운 건축물의 신축을 쉽게 허가하지 않는 베네치아시가 2007년 어떻게 코스티투지오네 다리Ponte della Costituzione의 건축을 허용하게 되었는지, 또 이 다리가 도시에 어떤 영향을 미치고 있는지를 중심으로 기술할 수도 있다. 베네치아 석호 주변 구시가지에 끝까지 남아 있는 소수의 인구가 어떻게 대규모 관광산업에 대한 저항을 상징하는지를 중심으로 쓸 수도 있을 것이다.

이 모든 프로세스들이 베네치아의 물질적 형태에 어떻게 기입되었는가가 바로 이런 설명의 주제다. 밴험이 로스앤젤레스의 프로세스들을 총체적으로 상징하는 것으로 고속도로를 들었다면, 나는 베네치아 프로세스들의 총체적 상징으로 크루즈선을 들 것이다. 14개의 갑판과 9만 6,000톤에 달하는 규모를 자랑하며 디젤 엔진을 울려 주데카섬으로 운항하는 초대형 크루즈선들 말이다. 베네치아에 대해 쓰는 작업은 완결된 무엇인가에 대해 쓰는 것이 아니라, 프로세스로서의 도시, 계속 진행 중인 시각적 스펙터클로서의 도시에 관해 쓰는 일이다. 관광객들이 보고자 기대하면서 온 것을 쓰는 것이 아니라, 그들이 실질적으로 몸소 보고 경험하는 것에 대해 쓰는 일이다. 그리고 '왜 도시는 지금처럼 보이는 것일까?'라는 질문에 대해 답을 하는 과정일 것이다. 앞으로 살펴보겠지만, 이 질문에 대한 답은 도시의 역사 그리고 도시를 설계한 이들의 의도와는 큰 관계가 없다. 그 답은 현재 진행되고 있는 프로세스, 우리 눈에 직접 보이지 않는 프로세스들과 관계가 있다.

2장

자본

도시,
돈,
비非장소

서론에서 나는 도시가 보이는 방식에 영향을 미치는 것은 도시 계획가나 건축가의 의도가 아니라 도시에서 일어나는 여러 프로세스라고 말했다. 그중에서도 도시의 외관에 가장 직접적인 영향을 미치는 프로세스를 꼽으라면 자본의 순환을 들 수 있다. 건축가라면 대부분 내 의견에 동의하지 않을 것이다. 나는 지금 건축가이자 건축역사학자 케네스 프램튼이 쓴 『현대 건축: 비판적 역사』를 펼쳐놓고 있다.[1] 초판이 발행된 이래 지금까지도 가장 널리 읽히는 건축사 책 가운데 하나다. 프램튼은 위대한 건축가들을 중심으로 건축사를 서술해나간다. 하지만 이 두꺼운 책에서 돈과 관련된 내용은 거의 없다. 이 책을 처음부터 끝까지 읽어도 바우하우스 건물을 짓는 데는 어느 정도의 비용이 드는지, 르코르뷔지에가 지은 고급 주택에는 어느 정도의 경제적 가치가 있는지 등에 대해서는 감조차 잡을 수 없다. 오히려 프램튼은 건축이 생존하기 위해서는 자본으로부터 방어하는 것이 중요하다고 주장한다.[2] 이런 관점에서 건축과 자본은 다른 세계를 점하는 것이 아니라, 서로 반대되는 세계를 점한다.

하지만 자본이 아니라면, 건축은 처음부터 존재할 수 없다. 부동산 개발의 역사를 따라가보면, 건물들 상당수는 그 지어진 근본적인 이유부터가 자본의 증식이라는 것을 알 수 있다. 건물은 여러 투자 대상 가운데 가장 비싼 대상에 속한다. 건물을 짓는 데 필요한 자재비용, 노동비용, 법률비용 등이 상당하기 때문이다. 건물은 자본 투기의 한 형태이기도 하다. 2008년 세계금융위기 동안, 세계도시들의 초고층 건물들은 대리 통화 역할을 하며, 불안정한 상황에 일정한 안정성을 제공했다. 당시 경제 성장이 마이너스였는데도 부동산 시장만 크게 성장한 것은 이런 이유다. 우리가 보는 건물들 상당수는 경제적 이득을 주요 목적으로 하는 것들, 즉 성공적인 투자의 가능성이 없었다면 애초 존재조차하지 않았을 건물들이다. 투자만 성공한다면, 투자자들에게는 자신의 건물이 어떻게 사용되는지 여부는 전혀 중요하지 않다. 심지어 건물이 전혀 사용되지 않더라도 개의치 않는다. 이제 세계도시의 초호화 아파트들을 구입하는 이들은 실제 그곳에 거주하려는 이들이 아니라 건물을 투자 수단으로 삼으려는 이들인 경우가 많다. 이와 관련해서는 이 장의 뒷부분에서 자세히 다룰 것이다.

자본 투자는 예나 지금이나 도시 재개발 또는 도시 재생을 명목으로 공적 자금의 지원을 받기도 한다. 피츠버그나 리버풀의 사례가 그러했듯이, 시가 도시 재생을 시작하면, 자본 성장의 분명한 가능성을 확인한 이들이 이를 마중물 삼아 자본 투자를 시작하는 것이다. 뉴욕의 하이 라인 공원이 그런 경

사진 2.1

대니얼 리버스킨드의 설계로 2011년 완공된 싱가포르의 최고급 아파트 리플렉션 케펠베이. 아이콘적 건축물의 논리에 따라 지어졌다. 아파트 가격은 최저 250만 싱가포르 달러다.(2015년 사진)

우다. 뉴욕시가 고가 화물철도 노선을 철거하고 그 자리를 하이 라인 공원으로 만들자, 그 일대에 부동산 붐이 일어났다. 순식간에 라파엘 비뇰리, 리처드 마이어, 자하 하디드와 같은 스타 건축가들이 설계한 초호화 아파트들이 이 지역에 들어섰다. 하이 라인 공원을 보러 온 관광객들을 깜짝 놀라게 하는 것은 화물철도 노선이었던 곳이 아름다운 공원으로 바뀌었다는 사실이 아니라, 고액 순자산 보유자(HNWI)들이 투자한 이 초호화 아파트일 것이다.[3]

우리가 여기서 관심을 가져야 할 것은 건물의 설계가 자본의 움직임에 어떻게 반응하는가이다. 사무용 건물은 수익을 최대화할 수 있는 형태로 설계된다. 주거용 건물의 인테리어도 마찬가지다. 쇼핑몰과 금융업무지구처럼 자본의 순환이 결정적으로 중요한 공간들도 자본의 순환을 최대화할 수 있는 형태로 설계된다. '마천루 지수Skyscraper Index'라는 개념이 있다.[4] 드레스덴 클라인보르트 투자은행의 경제학자 앤드루 로런스가 고안한 개념으로, 세계 최고 높이의 마천루가 생기면 그곳에 경제적 침체가 닥친다는 내용이다. 그렇게 놀랄 만한 내용은 아니다. 카를 마르크스가 경기순환 이론에서 분석했고 이에 정치적 좌파와 우파 모두 어느 정도 수긍하듯이, 경기는 정연한 방식으로 순환하는 것이 아니라 호황과 불황 사이를 진동하는 방식으로 순환하기 때문이다. 현대 도시의 중심지구를 히스토그램으로 그려 그 경제적 부의 배치를 표현하는 경우가 종종 있는데, 그 x축이 실제 지리적 축을 항상 이상적으로 재현하는 것은 아니다. 하지만 맨해튼의 경우라면 잘 들어맞을 것이다. (센트럴 파크의 약 20블록 남쪽인) 높게 이어지는 미드타운 맨해튼의 스카이라인은 2차대전 이후 미국이 호황이었던 시절을 아름답게 재현한다.

이런 자본의 흐름을 중심으로 건축의 역사를 살펴본 연구자들은 드물어서 캐럴 윌리스와 레슬리 스클레어 정도를 들 수 있다.[5] 건축가와 건축 이론가 대다수는 건축을 돈과는 무관한 진공 상태에서 만들어지는 것으로 믿고 싶어 한다. 프램튼이 건축사를 위대한 모더니즘 건축가들의 역사로만 서술한 지 벌써 오랜 시간이 지났지만 대학에서는 여전히 프램튼의 교재를 가장 중요한 건축사 교재로 가르친다. 건축사무소에서는 설계를 하려면 비용을 따지는 작업부터 시작해야 한다는 기본적인 내용조차 가르치지 않는다. 이런 것만 보아도 자본이라는 요소가 건축계에서 얼마나 간과되고 있는지를 잘 알 수 있다.

마르크스는 도시의 전반적인 형태를 설명하는 이론을 생산하긴 했지만, 도시 자체를 연구하지는 않았다. 도시에 특화한 연구를 한 이는 그의 동료 프리드리히 엥겔스다.[6] 독일 출신인 엥겔스는 19세기 목화 산업이 붐을 이루던 시절 영국 맨체스터로 건너가 아버지 소유의 방직공장을 운영했다. 그는 평범하고 작은 마을이었던 맨체스터가 빠른 속도로 중요한 산업도시로 성장하는 모습을 지켜보았다. 그는 맨체스터 노동계급의 비참한 삶을 자세히 관찰하고 연구한 후, 이를 정리해 불과 20대 초반이었던 1845년에 독일 라이프치히에서 『영국 노동계급의 상황』을 출간했다(이 책이 영어로 번역되어 미국과 영국에 소개된 것은 각각 1887년과 1892년으로 첫 출간 후 거의 50년이 지난 때였다).

엥겔스는 이 책에서 산업화의 고통에 시름하는 맨체스터 노동 계급의 삶을 상세히 기술한다. 그는 자본이 서로 다른 계급에게 각각 다른 공간을 부여한다는 당시로서는 충격적인 분석을 제시한다. 다음은 『영국 노동계급의 상황』 중 「대도시」

라는 제목이 붙은 장의 일부다.

> 맨체스터는 부자들이 몇 년간 매일 이 도시를 드나들면서도 노동자 구역을 한 번도 지나치지 않고, 아니 아예 노동자를 한 명도 마주치지 않고 지나다닐 수 있도록 설계되었다. … 노동자 계급의 구역을 중간 계급을 위한 구역과 분리한 것은 한편으로는 무의식적이고 암묵적인 합의를 따른 것이었고, 다른 한편으로는 의식적이고 노골적인 결정을 따른 것이었다. … 부자 귀족들에게 이런 배치arrangement의 가장 좋은 점은 상업 구역을 가기 위해 노동자 계급 구역의 한복판을 통과하는 가장 짧은 길을 통과해 가면서도, 노동자 계급 구역의 오른쪽과 왼쪽에 숨어 있는 음울한 참상을 보지 않아도 된다는 것이었다. 맨체스터 거래소에서 도시의 모든 방향으로 뻗은 도로들의 양편에 상점들이 거의 끊이지 않고 늘어서 있으며, 그런 상점을 소유한 중간 및 하층의 부르주아 계급이 사익을 위해 가게의 외양을 단정하고 깨끗하게 유지하고 또 그럴 여력이 있기 때문이다.[7]

이는 새로운 현상이었다. 중세까지만 해도 도시의 공간이 계급과 직업에 따라 나뉘는 일은 없었다. 하지만 산업혁명 이후의 도시는 사회적 계급에 따라 구획화되기 시작했다. 이 구획화는 도시의 중심 도로를 깨끗하고 보기 좋게 만들어야 한다는 명목으로, 시각적인 방식으로 이루어졌다. 도시를 구획하는 설계, 다시 말해 엥겔스가 말한 '배치'는 자본이 맡게 되었고, 자본이 얼마나 잘 순환하느냐가 그 도시의 발전 정도를 결정하게 되었다. 자본은 깨끗하고 번듯한 중앙도로와 같은 공간은 겉으로 보이도록, 노동자 계급의 불결한 공간은 눈에 보이지 않도록 도시를 배치했다. 자본은 모든 형태를 띨 수 있다. 하지만 우리의 경험에 따르면 자본은 한곳에 집중하려는 경향이 강하며, 이는 집중된 자본의 이미지를 생산한다. 집중된 부의 이미지가 환영을 만드는 것은 현재 세계도시들의 중요한 한 특징이다. 자본의 흐름과 사회적 계급의 관계에 대한 이런 엥겔스의 민감함을 이어받은 작업이 마이크 데이비스의 로스앤젤레스 분석이다. 데이비스는 현대 로스앤젤레스에서 고속도로를 달리는 경험은 19세기 맨체스터의 중심 도로를 걷는 것과 다름없는 일, 만들어진 환영으로서의 도시를 경험하는 일이라고 쓴다.[8]

엥겔스의 분석은 도시의 형태와 자본을 이해하는 데 중요하다. 도시의 이해라는 영역에서 엥겔스의 작업 못지않게 중요한 또 다른 작업은 마르크스주의 철학자이자 평론가 발터 벤야민의 『아케이드 프로젝트』다. 벤야민은 1927년부터 파리의 아케이드가 지닌 사회적 의미를 고찰하는 작업을 시작했다. 하지만 그가 1940년 나치를 피해 스페인으로 탈출하던 중 스페인 국경 통과가 좌절되자 자살하면서, 이 프로젝트는 미완으로 남았다. 『아케이드 프로젝트』는 이 미완성 원고들을 묶어 1999년 출간한 책으로, 완성되지 않은 작업임에도 1,000페이지가 넘는 대작이다. 『아케이드 프로젝트』는 19세기 파리에 있던 아케이드의 건축적 형태를 통해 자본주의를 탐색하려는 벤야민의 마르크스주의적 기획이다. 당시 파리의 아케이드는 상점 건물들이 죽 늘어서 있는 좁은 길 위에 유리 지붕을 씌우고, 바닥에는 대리석을 깔아놓은 공간이었다. 벤야민은 아케이드를 "대규모 상품의 판매를 위한 최초의 공간"으로 보고 주목했다. 아케이드 안에서 사람들은 비가 오나 눈이 오나 날씨와 상관없이 전례 없는 수준으로 전시되어 있던 상품을 쾌적하게 구경할 수 있었다. 방문객들은 이런 아케이드에 끊임없이 감탄할 수밖에 없었다.[9]

『아케이드 프로젝트』는 도시 공간에서 자본주의가 작동하는 방식을 놀라운 통찰력으로 관찰한다. 아케이드에 전시된 상품들, 쇼핑이라는 새로운 경험, 상품과 쇼핑을 언급하는 당대의 문헌들, 상품과 쇼핑의 정치적 의미. 벤야민은 이 모든 것들을 아케이드의 건축 구조를 중심으로 섬세하게 탐문한다. 벤야민은 아케이드의 형태와 자본이 어떻게 복잡하게 연결되어 있는지를 잘 보여준다. 파리의 아케이드가 가지고 있던 형태는 자본이 직접적으로 재현된 것은 아니었지만, 아케이드가 자본과 서로 영향을 주고받은 결과라는 것은 분명하다. 벤야민은 도시가 일종의 문화적 무의식이 표현되는 공간이라는 것을 이해하고 있었고, 그 공간에 깊은 주의를 기울일 때에만 도시의 프로세스를 파악할 수 있다는 것을 알고 있었다.[10]

벤야민은 섬세하고도 열려 있는 관찰자였다. 그는 아케이드가 자본의 흐름을 재현한다는 기본적인 전제를 유지하면서도, 그 자본의 흐름이 어떤 성격과 형태를 지니고 있는지를 끝까지 열린 태도를 유지하며 탐구했다. 벤야민은 자본이 무수히 많은 형태를 취할 수 있다는 사실에 놀라워했다. 벤야민은 아케이드를 이용하는 이들이 상품에 도취된 생각 없는 자동 기계가 아니라, 자신만의 가치와 선택권을 가지고 있는 존재이며, 그들이 하는 쇼핑이 창조적인 행동이라는 사실을 이해하고 있었다. 아케이드는 벤야민이 살던 시기에 막 생겨난 것이 아니라, 이미 한 세기 전에 등장한 구조물이었다. 벤야민은 이런 아케이드의 쓰임새가 처음과 크게 바뀐 것을 관찰하며, 특정한 목적으로 지어진 공간도 이후 전혀 다른 목적으로 사용될 수 있다는 것을 이해했다. 벤야민이 현대 도시에서 자본주의가 작동하는 방식에 대해 독창적인 사유를 이끌어낼 수 있었던 것은 그가 자신이 관찰한 여러 예외들과 과잉들에 섬세하게 주목하는 한편, 자신이 관찰하는 대상에 대한 자신의 위치를 매우 다층적으로 설정했기 때문일 것이다. 마르크스주의자로서 벤야민은 자본주의가 급속히 진행되고 있던 당시 파리에 비판적이었지만, 동시에 파리에 매혹되기도 했다.

부동산은 힘이 세다

19세기 도시에 대한 이야기는 이쯤 하기로 하자. 현대 도시와 자본의 관계는 어떨까? 전 세계 현대 도시에서 일어나고 있는 중요한 최근 현상 하나는 부동산의 가치가 계속해서 높아진다는 점이다. 이는 전 세계적인 현상이다. 1980년대 자본 시장이 자유화되면서 본격적으로 시작된 이 현상은, 1990년대와 2008년 두 번의 세계금융위기 때 잠깐 주춤했던 것을 제외하면, 오늘날까지 지속되고 있다. 돈이 있는 이들은 언제나 땅에 투자해왔다. 땅의 공급은 항상 부족한 반면 땅의 수요는 항상 넘치는 상황을 생각해보면, 이는 어느 정도 당연한 일이다(마크 트웨인이 했다는 말이 괜히 회자되는 것이 아니다. "땅을 사라. 땅은 더는 새로 생기지 않을테니."[11]).

부동산 가치는 최근 들어 더욱 폭발적으로 증가하고 있으며, 이는 현재 세계도시를 결정짓는 중요한 특징이 되었다. 전 세계적인 베스트셀러가 된 『21세기 자본』에서 토마 피케티는 산업혁명 이후 부동산을 보유한 이들이 점점 더 강력한 지배계급이 될 수밖에 없는 구조를 분석한다[12] 피케티는 과거부터 현재에 이르는 방대한 데이터를 분석한 다음, 자본수익률return of capital은 항상 경제성장률growth rate보다 높다는 'r 〉 g'라는 공식을 도출한다. 《이코노미스트》는 피케티의 책을 '부의 지속적인 집중을 막을 수 있는 자연적인 힘은 없다'고 잘 요약했다.[13] 다시 말해, 부는 경제의 운명과 무관하게 집중되며, 그것도 소수의 손에 집중된다는 뜻이다. 물론 유엔 자료에 따르면 부동산을 통한 자본수익률이 반드시 경제성장률보다 높은 것은 아니라고 한다.[14] 그러나 정치인이든, 언론인이든, 유권자든, 많은 사람들은 자본수익률이 언제나 경제성장률보다 높다는 것을 기정 사실로 받아들인다. 피케티의 두껍고 어려운 책이 베스트셀러가 된 것도 사람들의 이런 생각 때문일 것이다. 어디든 관계없이 세계도시에서 주거용 부동산 시장을 다뤄본 경험이 있는 이들이라면 피케티의 주요 주장이라 할 수 있는 'r 〉 g'에 공감할 것이다. 그런 경험이 있는 이들이라면 부동산 가치가 경제 전체 또는 자신의 평범한 근로소득과는 무관하게 독립적으로 움직인다는 것을 몸소 체험했을 것이다. 이 책의 특징 중 하나는 처음부터 끝까지 일관되게 거시경제에만 초점을 맞추고 있다는 점이다. 마르크스의 『자본론』과 달리 피케티의 『21세기 자본』에는 도시 자체를 다룬 내용이 거의 없다. 하지만 피케티는 자산 가치의 증식이라는 측면에서 부동산이 현대 도시 시장에서 지니는 중요성에 대해서는 여러 군데서 언급한다(피케티는 부동산으로 인한 자본수익률이 역사적으로 4퍼센트를 유지해 왔다고 주장한다). 현대 세계에서 도시가 아닌 지역의 경제는 거의 의미가 없다. 경제의 90퍼센트가 도시에서 이루어지기 때문이다. 피케티는 현대 도시 경제에 대한 구체적인 지침을 제공하지는 않지만, 현대 도시 경제의 대략적인 조건은 보여준다.[15]

자본수익률에 대한 피케티의 강조를 따라가다 보면 현대 도시의 부동산 경관이 왜 현재와 같은 모습이 되었는지에 대해 힌트를 얻을 수 있다. 세계도시에서 건물의 가격은 비정상적으로 상승했고, 건물의 형태 역시 높아진 물질적 가치를 직접적으로 표현하는 방향으로 바뀌어왔다. 부동산 가격 상승으로 인한 도시의 변화는 매우 가시적인 결과를 가져왔다. 이미 변화를 겪은 도시들을 살펴보면, 처음에는 기존의 부동산이 재개발되었고, 그다음에는 완화된 도시개발 규제 속에서 주거용 부동산에 대한 자본 투자가 이루어지면서 마천루 건축의 붐이 일었다.[16] 이 붐으로 세계도시들은 모두 높은 수준의 수직도시가 되었다. 런던은 전통적으로는 높은 건물이 상대적으로 적은 도시였다. 하지만 2019년 기준, 런던에서 건설이 진행되고 있거나 앞으로 건설이 예정된 20층 이상의 건물은 450채가 넘는다.[17] 이 건물들의 진짜 목적은 투자다. 이 건물들은 주식 시장보다 수익률이 좋은 곳에 투자하려는 이들, 중국이나 러시아처럼 자국 은행에 돈을 예치하는 것이 안전하지 않은 국가의 거부들이 거액의 돈을 묻어두는 곳이다.

이 과정에 건축가들이 전면적으로 관여한다. 건축가들은

사진 2.2

2008년 완공된 시카고의 트럼프 인터내셔널 호텔 앤드 타워. 건축사 스키드모어, 오윙스 & 메릴(SOM)이 설계를 맡았다. 트럼프가는 부동산 가문이다.(2015년 사진)

부동산 개발자가 건물의 자본투자를 홍보하는 과정을 그 누구보다 적극적으로 지원하는 역할을 맡는다. 맨해튼 허드슨강가에 위치한 초호화 콘도 워터라인 스퀘어Waterline Square의 개발 과정만 보아도, 개발사들이 투자 홍보에서 가장 강조했던 것은 이 콘도의 설계를 스타 건축가들인 리처드 마이어와 라파엘 비뇰리가 맡았다는 점이다. 개발사들은 스타 건축가들이 고급 양복을 입고 멋진 표정으로 웃고 있는 모습을 홍보 프레젠테이션에 적극적으로 활용한다.[18] 건축가들은 또한 부동산 개발자가 건물을 도시계획 당국의 입맛에 맞도록 꾸미는 데도 도움을 준다. 런던의 테이트모던 옆에 있는 최저 가격만 2500만 파운드에 달하는 고급 아파트 네오 뱅크사이드Neo-Bankside는 세계적인 건축가 리처드 로저스의 작품이다. 공정성, 개방성, 생태 도시를 강조하는 로저스의 존재는 개발자가 이 아파트에 공공적 이미지를 부여하는 데 큰 도움이 되었다. 이 아파트의 가장 큰 존재 이유는 투자다. 이 아파트에 특별한 공공적 가치는 없다(이 아파트가 가진 유일한 공공적 가치가 있다면, 그것은 맞은편 테이트모던 전망대에서 보았을 때 내부가 훤히 들여다보이도록 설계됨으로써, 사람들에게 즐거움을 선사한다는 점 정도일 것이다).[19] 건축가들은 또한 개발 프로젝트의 초기 단계에 자신들의 이름을 빌려주었다가 개발이 확정되면 빠지는 식으로 계획 과정에서 전략적인 도움을 제공하기도 한다.

이처럼 건축이 자본 집중에 핵심적인 역할을 맡고 있는데도, 《아키텍처럴 리뷰Architectural Review》나 《라키텍퀴르 도주

르디L'Architecture d'Aujourd'hui》와 같은 국제 건축 저널들은 마치 건축이 자본과 아무런 관계도 없다는 듯한 입장을 취한다. 심지어 프램튼과 같은 유럽 모더니즘 건축의 신봉자는 아예 자본은 건축이 절대 건드려서는 안 되는 영역이라고까지 단언한다. 이런 입장이 지닌 문제를 미국의 언론인이자 평론가인 톰 울프는 건축 비평집 『바우하우스로부터 오늘의 건축으로』에서 지적한다. 울프는 뉴욕 현대미술관의 초대 관장 알프레드 바가 뉴욕 마천루들에 대해 혐오감을 표현하는 부분을 다음과 같이 쓴다.

> 알프레드 바 관장은 뉴욕에서 가장 유명한 마천루들의 첨탑을 보며 혐오감을 드러냈다. 바 관장은 크라이슬러 빌딩의 스테인리스스틸 가고일과 엠파이어 스테이트 빌딩의 계류탑을 천박하다고 평가하며, 이런 건물이 존재하게 된 이유를 이렇게 설명했다. "미국 건축가들은 부동산 투자자, 임대업자, 주택 담보 브로커들의 건축 취향을 진지하게 여기도록 요구받는다.[20]

울프는 미국 건축과 유럽 건축을 자본에 복무하는 건축과 자본에 저항하는 건축으로 대비시키고는 실용주의적인 미국인답게 자본을 인정하는 건축의 손을 들어준다. 울프는 미국 건축가들이 '천박'하다고 여겨지는 건물을 짓는 이유를 간단히 설명한다. 미국 건축가들은 클라이언트의 요구를 귀 기울여 듣는 이들이기 때문이라고 말이다.[21] 반면 당시 현대미술관 같은 곳이 지지하던 유럽의 모더니즘 건축에 대해서는 클라이언트를 무시하고 훈계하는 건축이라고 평가한다.

울프의 건축 비평은 흥미롭기는 하지만, 여러 건축 비평이 그렇듯 개인의 주관적 취향을 써 내려간 인상비평에 가깝다. 울프가 유럽의 근대 건축 대신 미국의 마천루를 높이 평가한 이유는 그저 그것이 그의 취향이었기 때문일 뿐이다.[22] 울프보다, 건축과 자본의 관계를 좀 더 정교하게 고찰한 이를 들자면, 건축가 존 포트먼을 꼽을 수 있다. 포트먼은 건축가인 동시에 부동산 개발자로 활동하며, 건축과 부동산 개발의 경계를 의도적으로 무너뜨렸다는 점에서 매우 특별한 건축가다. 포트먼은 거대하고 화려한 아트리움 로비가 있는 아트리움형 호텔의 창시자이기도 하다.

"부동산에 대해서는 건축가처럼, 건축에 대해서는 기업가처럼 생각하라!" 포트먼이 한 인상적인 말이다.[23] 포트먼은 건축학과 교수인 조너선 바넷과 함께 쓴 한 책에서 자본을 대하는 건축계의 현실을 논하며, 건축 저널들이 자본이라는 중요한 문제에 지나치게 무지한 태도를 취한다고 비판한다. "건축 이론가들은 돈에 대해서는 전혀 이야기하지 않습니다. 그런 태도 때문에 이제 아무도 그들의 말에 귀 기울이지 않죠. 그들이 뭐라고 하든, 우리가 매일 마주하는 건물들에서 가장 중요한 것은 돈이고 부동산 시장입니다."[24] 포트먼은 건축가들이 건물을 설계할 때, 미루고 미루다가 가장 마지막 단계에서 그 건물의 자산으로서의 가치를 고려하는 행태를 멈춰야 한다고 주장한다. 대신 설계 과정의 시작 단계에서부터 자산 성장의 문제를 고려하는 것을 직업윤리로 삼아야 한다고 제안한다. 그는 건축가가 제대로 된 건물을 만들기 위해서는 개발자가 되어야 한다고 주장한다. 건축가는 처음부터 건물이 어떻게 수익을 낼 수 있을지 적극적으로 고려해야 한다는 것이다. 포트먼은 자본 중심적인 관점 때문에 많은 비판을 받기도 한다. "문학평론가들이 베스트셀러 소설을 못마땅하게 여기는 것처럼, 건축가나 건축 평론가들도 제 입장을 싫어하죠."[25] 포트먼은 자본 중심의 설계 프로세스를 공공 영역을 개선하는 수단으로 사용한다면, 자본을 긍정하지 않으면 짓기 어려울 공적 가치를 지닌 건물을 건축할 수 있다고 주장한다. 다시 말해, 자신의 목적은 이익을 내는 것이 아니라, 제대로 된 건축을 하는 것이라는 견해이다.

포트먼은 도시의 한 지역을 한꺼번에 개발하는 대규모 프로젝트를 많이 맡았다. 이런 지역들을 개발하면서, 수익을 낼 수 있는 건물, 엄청나게 크고 복잡한 건물, 투자 유치에 최적화된 대담한 건물들을 설계했다. 포트먼의 초대형 프로젝트는 애틀랜타에서 시작했다. 그는 애틀랜타 도심에 대규모 상업지구 단지인 피치트리 센터Peachtree Center(1967)를 짓고, 센터 안에 아트리움형 호텔인 하얏트 리젠시 애틀랜타Hyatt Regency Atlanta(1967)를 지었다. 이 호텔은 개관하자마자 영국의 아방가르드 건축가 피터 쿡으로부터 격찬을 받았다.[26] 하얏트 리젠시 애틀랜타 한가운데에는 거대한 아트리움이 있다. 아트리움

사진 2.3

존 포트먼이 설계한 로스앤젤레스의 웨스틴 보나벤처 호텔. 포트먼은 부동산 개발자이기도 하다.(2010년 사진)

사진 2.4

존 포트먼이 설계한 웨스틴 보나벤처 호텔의 아트리움.(2010년 사진)

의 엘리베이터를 타면, 총알처럼 생긴 엘리베이터가 호텔 옥상까지 치솟는다. 엘리베이터에서 내리면 호텔 옥상에 있는 유에프오 모양의 회전 레스토랑이다. 샌프란시스코 엠바카데로 센터Embarcadero Center(1971)와 엠바카데로 센터 안에 위치한 하얏트 리젠시 샌프란시스코Hyatt Regency San Francisco(1973)도 포트먼의 작품이다. 하얏트 리젠시 샌프란시스코의 아트리움은 엄청난 규모를 자랑한다. 거대함, 웅장함, 정교함이라는 면에서 이 아트리움은 바로크 시대의 궁전을 연상시킨다. 그저 리셉션 데스크가 있을 뿐인 로비에 이런 엄청난 규모의 아트리움이 있다는 것이 일종의 농담처럼 느껴지기도 한다.

연구자들에게 가장 잘 알려져 있는 포트먼의 건물은 로스앤젤레스의 웨스틴 보나벤처 호텔Westin Bonaventure Hotel(1977)이다. 저명한 철학자 프레드릭 제임슨이 문화연구 분야의 필독서라고 할 수 있는 『포스트모더니즘, 혹은 후기자본주의의 문화 논리』에서 이 호텔을 비판적으로 언급하기 때문이다.[27] 웨스틴 보나벤처 호텔은 원통형으로 생긴 거대한 타워 네 개가 밑 부분에서만 서로 연결되어 있는 형태다. 단순한 호텔이 아니라, 콘퍼런스 공간, 쇼핑센터, 스포츠센터, 유흥공간, 주차시설이 한 곳에 모여 있는 거대한 공간이다. 12차선 고속도로인 하버 고속도로와도 직접 연결된다. 이 호텔에서 각 시설의 기능은 다른 시설의 기능을 강화하고, 건물의 미로 같은 실내 구조는 건물에서 일어나는 활동의 초점을 계속 내부로 향하게 만든다. 제임슨은 원하는 곳을 쉽게 찾기 어렵게 만드는 웨

사진 2.5

존 포트먼이 설계한 하얏트 리젠시 샌프란시스코. 이 호텔의 로비는 세계에서 가장 큰 로비라는 기록을 가지고 있다.(2014년 사진)

스틴 보나벤처 호텔의 구조에 비판적이다. 그는 쇼핑몰이 있는 층을 기술하면서, 그곳은 고객이 원하는 곳을 찾아갈 수 없고, 설령 찾았다 하더라도 그곳을 다시 찾아갈 수 없는 슬픈 공간이라고 쓴다. 제임슨은 쉽게 인지하기 어려운 호텔의 구조가 인간의 이해 범위를 초과하는 현대 자본의 재현이라고 주장한다. 제임슨은 웨스틴 보나벤처 호텔에서 겪게 되는 이 혼란스러운 경험을 확장하여 포스트모더니즘 건축에 대한 자신의 이론을 펼쳐 나간다. 나는 제임슨의 이런 부분적이고 도식적인 설명이 이 호텔을 제대로 해석하지 못했다고 생각한다.

나는 웨스틴 보나벤처 호텔을 여러 번 가보았다. 호텔의 구조는 제임슨의 말대로 무척 혼란스럽다. 하지만 그것은 의도된 혼란스러움이다. 포트먼은 사용객들이 복잡한 쇼핑센터 매장의 동선을 느긋하게 헤매며 쇼핑을 충분히 즐기기를 원했다. 이케아 매장의 공간 설계와 크게 다르지 않다.[28] 웨스틴 보나벤처 호텔 안에서 방문자는 바깥에 있었을 때와는 다른 방식으로 공간과 시간을 감각하게 된다. 방문객은 급한 일이 있는 것이 아니라면 그곳에서 길을 잃고 배회하면서 즐거운 시간을 보낼 수 있다. 웨스틴 보나벤처 호텔은 그 자체로 하나의 세계다. 또는 피터 쿡이 피치트리 센터를 극찬할 때 썼던 표현을 그대로 빌어 '하나의 작은 도시'라고 표현할 수도 있겠다.[29] 그러나 호텔의 목적을 좀 더 정확히 따지자면 그것은 방문객을 만족시키는 것이 아니라, 투자자가 수익을 낼 수 있도록 하는 것이다. 이 호텔은 전적으로 투자를 위해 지어졌다. 포트먼이 호텔들을 거대한 아트리움으로 화려하고 대담하게 설계한 것도 궁극적으로는 부동산 가치를 높이기 위한 것이다. 포트먼의 이런 선구적인 비즈니스 모델은 높은 평가를 받았지만, 건축계에 널리 퍼지지는 못했다. 포트먼은 자신의 방식이 건축학과나 MBA 프로그램에서 인기를 끌 만한 것은 아닌 것 같다고 스스로 평가한다.[30]

자본을 적극적으로 고려하는 또 다른 건축가로는 우루과이 출신의 미국 건축가 라파엘 비뇰리가 있다. 여기서 다룰 비뇰리의 두 대표작은 런던의 20 펜처치 스트리트 빌딩20

사진 2.6

시티 오브 런던 지역의 마천루들. 왼쪽부터 리처드 세이퍼트가 설계한 타워 42, 리처드 로저스가 설계한 122 레든홀 스트리트 빌딩(치즈 강판 빌딩), 라파엘 비뇰리가 설계한 20 펜처치 스트리트 빌딩(워키토키 빌딩).(2016년 사진)

Fenchurch Street, 일명 '워키토키' 빌딩The Walkie-Talkie(사진 2.6, 사진 2.7)과 뉴욕의 432 파크 애버뉴 아파트432 Park Avenue다. 워키토키 빌딩은 높이 38층, 177미터, 바닥 면적 6만 4,000제곱미터이며, 유리와 철강으로 지어진 커튼월 방식의 건물이다.[31] 이 건물은 21세기 런던에 지어진 여러 마천루 가운데서도 유난히 눈에 띄는 모양으로 유명하다. 아래층이 제일 좁고, 위층으로 올라갈수록 점점 넓어지는 가분수 형태이기 때문이다. 꼭대기 층에는 런던을 한눈에 내려다볼 수 있는 '스카이 가든'이라는

사진 2.7

라파엘 비뇰리가 설계한 20 펜처치 스트리트 빌딩. 고층으로 올라갈수록 점점 더 넓어지는 형태를 띠고 있어, 임대료가 더 비싼 고층에 더 많은 사무실을 임대할 수 있다.(2014년 사진)

전망대가 있다. 템스강 방향을 향해 아래로 굽어 있는 이 건물의 모양은 얼핏 템스강을 굽어 보고 있는 사람의 모습처럼 보이기도 한다.

외관은 이렇게 독특하지만, 워키토키 빌딩은 일반적인 사무용 빌딩이다. 빌딩의 특이한 모양은 사무실 임대 시장의 사정과 밀접한 관계가 있다. 이 빌딩의 설계는 고층의 임대료가 저층의 임대료보다 훨씬 높다는 사실에 정확히 대응한다. 다시 말해, 워키토키 빌딩은 그 자체로 금융 프로세스가 물질적으로 재현된 형태이자, 더 비싼 층을 더 많이 임대하려는 수단인 것이다. 워키토키 빌딩의 저층면적은 1,400제곱미터지만, 고층 면적은 2,400제곱미터나 된다.워키토키 빌딩의 사무실 임대료는 전체 평균은 제곱미터당 688.89파운드이지만, 고층에 해당하는 25층의 사무실 임대료는 이보다 25퍼센트 비싼 제곱미터당 855.73파운드다. 워키토키 빌딩의 사무실은 98퍼센트가 이미 임대 중인 것을 보면, 임대료가 비싸서 문제가 되는 경우는 없는 것으로 보인다.[32]

비놀리는 이 건물을 설계하면서 건물에 공공적 기여를 할 수 있는 요소를 반드시 포함시켜야 했다. 그래야만 도시 계획 당국으로부터 건축 허가를 받을 수 있었기 때문이다. 1층에는 이미 가용 공간이 없었다. 비놀리는 대신 건물의 꼭대기층에 런던 시내를 조망할 수 있는 무료 전망대 '스카이 가든'을 지었다. 비놀리는 스카이 가든을 시민들을 위한 '공공재'라고 주장한다.[33] 하지만 이 전망대가 그의 말대로 공공적 가치를 충분히 수행하고 있는지는 분명치 않다. 이 전망대는 하루 중 제한적인 시간 동안만 열려 있다. 또, 이곳을 이용하려면 원하는 날짜보다 한참 전에 높은 경쟁률을 뚫고 어렵게 예약을 해야 한다. 예약에 성공한다 해도 이용할 수 있는 시간은 한 시간밖에 되지 않는다. 전망대 안에서 지켜야 하는 규정도 많다.[34] 스카이 가든 전망대는 자본이 도시에서 작동하는 방식을 잘 보여준다. 이 전망대의 주요 목적은 자본이 가지고 있는 막강한 힘을 공공에게 과시하는 것이다. 프랑스 인류학자 마르크 오제는 널리 인용되는 자신의 책 『비장소: 초근대성의 인류학 입문』에서 이런 공간을 '비장소'로 부른다. 오제는 비장소가 그곳에 머무르는 이들에게 끊임없이 머무를 권리를 증명하도록 요구한다고 비판한다. 비장소에 머물기 위해서는 신분증, 표, 예약증 등을 계속해서 제시해야 한다는 것이다. 이처럼 비장소는 표면적으로는 누구나 갈 수 있는 곳이지만, 실제로는 엄격한 통제가 이루어지는 곳이다.[35]

워키토키 빌딩은 2015년 문을 연 이래 혹독한 평가를 받아왔다. 건축이 자본과 관계 맺는 것에 가장 적대적인 저널인 《아키텍처럴 리뷰》는 워키토키 빌딩을 "꽉 끼는 와이셔츠를 입고 서 있는 살찐 은행가의 모습처럼 흉하다"고 혹평했다.[36] 《파이낸셜 타임스》도 경제지라고 해서 이 빌딩에 너그럽지 않았다. 이 신문의 건축 평론가 에드윈 헤스코트는 워키토키 빌딩을 21세기 지어진 마천루 가운데 최악의 건물이라고 비판하며, 런던시는 이런 빌딩을 승인해서는 안 됐다고 혹평했다.[37] 《옵서버》의 건축 평론가 로완 무어는 더 직설적이어서 워키토키 빌딩을 "흉하고, 우악스럽고, 살인적으로 끔찍한 건물"이라고 묘사한다. 그는 이 건물을 건물 부지로부터 잉여 가치를 만들어내는 수단, 특히 런던시 도시 기획관의 "런던시의 스카이가든 사업 제안에서 중요한 것은 사무실 책상에서 가까운 곳에서도 파티를 즐길 수 있다고 이야기하는 것입니다"라는 말이 실토하듯이 겉으로는 공공 공간으로 포장된 스카이 가든을 '공중에 떠 있는 파티 도시'로 만듦으로써 잉여 가치를 착취하는 수단이라고 비판한다.[38] 즉, 워키토키 빌딩은 기능적으로나, 상징적으로나 애초부터 이 빌딩의 존재 이유인 자본을 재현한다. 무어가 지적하듯이 이 워키토키 빌딩에서 자본은 자기 자신을 찬탄하는데, 이는 자본의 가장 큰 기호들을 관찰하고 경축할 수 있는 마천루들이 들어선 런던 중심에 위치하지 않은 이 빌딩의 전략적 관점이기도 하다.[39] 위 세 리뷰가 모두 불편하게 여기고 있는 것은 워키토키 빌딩이 자본과 부동산 시장의 요구를 지나치게 노골적으로 반영하고 있다는 것, 요컨대 워키토키 빌딩이 자본의 공격적 성격을 너무 직접적으로 드러내고 있다는 것이다. 2013년에는 상징적인 사건이 일어났다. 워키토키 빌딩 앞에 주차되어 있던 재규어 XJ의 차체가 워키토키 빌딩의 오목한 유리벽에 반사된 태양광 때문에 녹아내린 것이다.[40] 유리벽에 반사된 태양광은 계란 프라이를 만들 수 있을 정도로 위험한 것으로 밝혀졌다.[41] 이후 조치가 이루어지긴 했지만, 그때는 이미 워키토키 빌딩이 자본의 폭력성을 재현하고 있다는 인상이 널리 퍼진 이후였다.[42]

워키토키 빌딩은 자본의 속성이 어떻게 건물의 설계에

사진 2.8

라파엘 비뇰리가 설계한 뉴욕의 432 파크 애버뉴 빌딩.
(사진 저작권: Rafael Viñoly Architects © Halkin Mason)

반영되는지를 보여주는 좋은 사례다. 비놀리가 설계한 또 다른 빌딩인 뉴욕 432 파크 애버뉴 아파트도 마찬가지다. 이 아파트는 뉴욕 미드타운 맨해튼에 위치한 초호화 아파트다. 이 아파트는 놀라울 정도로 가늘고 높다. 85층 425미터의 초고층 건물이지만, 가로, 세로 모두 30미터가 채 되지 않는다. 세대 수는 104세대. 가장 싼 세대도 700만 달러이고, 가장 비싼 세대는 8200만 달러나 된다. 건물이 너무 가늘기 때문에 안정성을 확보하기 위해 12층마다 두 개 층을 뚫어 놓아 바람이 건물 외벽을 치지 않고 지나갈 수 있도록 했다.

432 파크 애버뉴 아파트는 주거용 빌딩임에도, 아파트에 상시 거주하는 세대는 전체 세대의 4분의 1밖에 되지 않는다.[43] 전 세계에서 집값이 가장 비싼 도시에서 100명 정도밖에 안 되는 사람들이 평균 3,800제곱미터의 공간을 차지하고 있는 셈이다.

뉴욕 맨해튼은 전 세계에서 부동산이 가장 비싼 곳이다. 제한된 공간에서 임대료를 최대한 끌어내는 것이 중요할 수밖에 없다. 뉴욕에서 마천루, 철강 건축, 엘리베이터 기술이 발달하게 된 것도 모두 이런 사정에서 기인한다. 432 파크 애버뉴는 부지는 무척 좁은 데 비해 높이는 매우 높아, 부지 대 높이의 비가 다른 건물에 비해 압도적으로 크다. 이 아파트도 궁극적으로는 주거용 건물이 아니라 부동산 투자를 위한 건물이다. 가령 이 아파트에 입주자가 한 명도 들지 않는다고 해도 이 아파트의 투자자들은 조금도 개의치 않을 것이다. 432 파크 애버뉴는 사람의 거주를 위한 공간이 아니라, 일종의 안전 금고이기 때문이다. 비뇰리는 자신의 빌딩이 이런 역할을 하는 것에 아무런 불편함을 느끼지 않는다. 비뇰리는 건축 시장에는 "초호화 주택 시장과 정부 보조 공영주택 시장", 단 두 가지 종류의 시장만 있다고 믿는 건축가다.[44] 432 파크 애버뉴는 물론 전자인 초호화 주택 시장에 해당하는 건물이다. 경제지《포춘》의 표현을 빌리자면 이 아파트는 "불평등의 집"인 것이다.

432 파크 애버뉴에서 또 놀라운 점은 세대 수가 104에 불과하다는 점이다.《포춘》에 따르면, 이 빌딩의 입주자들 상당수는 자국 은행에 돈을 예치하는 것을 불안하게 여기는 러시아와 중국의 슈퍼리치(고액 순자산 보유자)들이다. 이 빌딩은 고액 순자산 보유자들의 개인 금고나 마찬가지다.[45] 이 아파트에서 중요한 것은 주거 공간으로서의 가치가 아니라, 돈을 묻어둘 수 있는 금고로서의 가치다. 이런 점에서 본다면, 432 파크 애버뉴는 철저히 자본의 필요에 맞춰 생산된 기능적 건물이다.

맨해튼이 가지고 있는 특수한 입지와 세계 금융 시장의 추세가 합쳐지면서, 맨해튼에서는 계속 새로운 마천루들이 높이를 갱신하며 새로 지어지고 있다. 현재는 건축설계사 SHoP 아키텍츠SHoP Architects의 설계로 111 웨스트 57번가 빌딩111 West 57th Street, 일명 스타인웨이 타워Steinway Tower가 건축되고 있다. 높이 432미터, 부지 대 높이의 비가 1:23인 이 빌딩은 완공될 경우, 높이, 그리고 부지 대 높이 비에서 모두 432 파크 애버뉴 아파트를 앞지를 것으로 예상된다.[46]

432 파크 애버뉴와 관련하여 가장 많이 언급되는 비판 가운데 하나는 이 아파트가 상당 부분 비어 있는 건물이라는 점이다. 전체 세대 중 4분의 1, 즉 100명 정도의 사람들만 실제 입주해 살고 있고, 나머지 세대는 모두 비어 있다. 대중문화에서 물질적 부는 텅 비어 있는 상태로 표현되기도 한다. 많은 영화들이 소수에게 집중된 자본을 이미지화할 때 이를 인간이 거주하지 않는 공간으로 그린다. 리들리 스콧 감독의 영화 〈블레이드 러너〉에서 자본 집중의 정점으로 나오는 초거대 기업 타이렐 사는 인간의 온기라고는 느낄 수 없는 차갑고 텅 빈 공간으로 그려진다. 이는 마르크 오제가 『비장소: 초근대성의 인류학 입문』에서 자본주의가 가장 고도로 발달한 공간들을 텅 비어 있고 생명이 부재하는 곳으로 설명한 것과 부합한다. 텅 비어 있음은 새롭게 건설되고 있는 도시들에 대한 설명에서도 자주 등장한다. 이런 텅 빈 도시 공간의 이미지는 몇몇 중국 신도시들의 이미지이기도 하다. 중국 정부가 허허벌판에 신도시를 짓고 그곳에 아파트를 대량으로 건축해놓았으나, 분양이 되지 않아 도시 전체가 유령도시처럼 되었다는 뉴스를 본 적이 있을 것이다. 자본투기가 아무 것도 회수하지 못한 사례다. 아무도 살지 않는 중국 유령도시의 모습은 지금도 예술 사진들의 단골 소재가 되고 있다.[47] 텅 빈 도시 공간의 이미지를 볼 수 있는 또 다른 곳은 아랍에미리트의 두바이다. 2008

년 세계금융위기가 일어나면서, 두바이에서는 진행 중이던 건물의 건축이 중단되고, 아파트 분양과 사무실 임대도 멈추면서 도시 여기저기서 사용되지 않는 빈 공간이 갑작스럽게 증가했다. 두바이의 높은 공실률에는 구조적인 측면도 있다. 마천루의 경우, 높은 층들은 임대료는 높은 반면 면적은 사용할 수 없을 정도로 협소하다. 이런 비싸기만 하고 사용할 수는 없는 마천루 공간을 '배너티 스페이스vanity space'라고 한다. 2017년 유엔 보고서에 따르면 두바이는 이런 식으로 생긴 마천루 공실이 세계에서 가장 많은 도시다. 두바이 마천루들의 3분의 1이 이렇게 사용되지 않는 공간이다.[48]

텅 빈 도시 공간의 이미지 중에서도 우리에게 가장 익숙한 것은 경제가 완전히 몰락해 비어버린 도시들의 이미지일 것이다. 아일랜드의 유령 마을들과 스페인의 유령 마을들이 그런 경우다. 모두 과도한 자본투기가 실패하면서 생긴 결과다. 이 유령 마을들 역시 앞에서 본 중국 유령도시의 경우처럼 예술 사진 작품의 소재로 자주 등장한다. 스페인의 시우다드레알 공항Ciudad Real Central Airport은 '유령 공항'의 경우다. 수도 마드리드에서 열차로 45분 떨어진 중부 카스티야 라만차주에 위치한 이 공항은 2000년대 초 경기 호황에 힘입어 문을 열었다. 하지만 이 공항을 사용하는 승객은 거의 없었고, 공항은 운행 3년 만인 2012년 파산하여 아무도 찾지 않는 공항으로 전락했다.[49] 가장 극적인 예는 미국 디트로이트다. 디트로이트는 한때 미국에서 세 번째로 인구가 많은 도시이자, 자동차

산업의 중심지였다. 하지만 1960년대 후반부터 도시를 지탱하던 자동차 산업이 쇠퇴하면서, 디트로이트는 급속도로 무너졌다. 디트로이트는 이제 껍데기만 남은 도시에 가깝다. 시내는 버려진 건물들과 빈집들로 가득하다. 디트로이트의 몰락은 여러 논픽션 작품이나 예술 작품의 소재로 쓰이고 있다.[50] 자본의 실패가 제한적인 방식으로나마 상품이 된 예라고도 볼 수 있다.

자본은 이런 으스스한 장면을 만들어낸다. 하지만 자본이 움직이는 방식을 가장 잘 보여주는 곳은 큰 도시들이 아니라, 인구 1만 1,000명에 불과한 스위스 알프스의 작은 마을 다보스다. 다보스에서는 1971년부터 세계경제포럼이 개최되고 있다. 세계경제포럼 기간이 되면 다보스는 중요한 경제 현안에 대해 논의하려고 모인, 전 세계 각국의 정계, 관계, 재계 유력인사, 경제학자들로 북적거린다. 이 작은 마을은 세계경제포럼 기간 동안에는 스펙터클이 된다. 다보스의 진정한 스펙터클은 다름 아닌 행사장 건물이다. 참가자 2,500명과 언론인 5,000명을 수용할 수 있는 초대형 행사장이다. 다보스의 보안 시스템은 독특하게도 배지의 색깔을 활용한다. 국가 정상, 국제기구 수장, 고위 관료, CEO에게는 홀로그램 배지, VIP에게는 흰색 배지, 언론인에게는 오렌지색 배지가 제공된다. 다보스에서는 배지의 색깔이 곧 계급이다. 다보스는 배지의 색깔을 통해 참가자들이 갈 수 있는 공간과 사용할 수 있는 공간을 통제한다. 다보스는 또한 누구에게 어떤 정보를 제공할지도 세밀히 통제한다. 하지만 동시에 일부 내용을 공식 홈페이지에 공개하는 제스처를 취함으로써 이 행사가 누구에게나 열린 토론의 장이라는 환영을 만들어내기도 한다.[51] 다보스에서 이루어지는 이런 여러 통제들을 시각화한 것이 다보스 출신 사진작가 줄스 스피나치의 사진 작업이다. 스피나치는 2003년 세계경제포럼 행사장 앞에 원격 조종이 가능한 CCTV 세 대를 설치해놓고 행사장을 촬영했다. 스피나치는 행사 기간인 일주일 동안, 행사가 시작하기 전 세 시간씩 행사장 입구를 찍은 후, 이를 모아 대형 파노라마 사진으로 만들었다. 이 사진을 보고 있으면 한 가지 이상한 점을 발견할 수 있다. 그것은 사진 속에서 사람들의 활동을 거의 포착할 수 없다는 점이다. 행사가 시작하기 전 아침의 모습이라고는 하나, 이렇게 큰 행사에서 사람의 활동이 보이지 않는다는 점은 이상하다.

건축가 휴 캠벨은 스피나치의 사진을 이렇게 묘사한다. "이 사진의 충격적인 부분은 가장 정교하고 가장 포괄적인 감시도 보여주지 못하는 것이 있다는 점이다. 이 사진은 한 편으로는 세계경제포럼의 모든 것을 보여주지만, 다른 한편으로는 세계경제포럼의 아무 것도 보여주지 않는다."[52] 나는 바꿔 표현하겠다. 이 행사에는 보여줄 수 있는 인간의 활동이 애초에 존재하지 않는다. 또는 이렇게 표현할 수도 있겠다. 이 행사에서 일어나는 움직임은 처음부터 비가시적이다. 왜냐하면 세계경제포럼에서 일어나는 활동들은 인간들의 물리적인 움직임이 아니라, 전자적으로 교환되는 금융 시장의 움직임이기 때문이다. 돈은 자세히 보려 하면 할수록 거기에는 실제로 볼 수 있는 것이 없다는 점이 분명해진다. 자본이 도시의 형태에 미치는 영향과 관련하여 다보스의 경우에서 놀라운 점은 엄청난 규모의 자본 축적이 인간 활동의 부재로 표현된다는 것이다.

블록체인 이야기로 이 장을 마무리하고자 한다. 블록체인 기술은 가치를 데이터로 암호화하여 저장하는 프로토콜이다. 블록체인 기술은 전력을 많이 필요로 한다. 그렇기 때문에 블록체인 기술의 중심지는 도시보다는 재생가능 에너지가 풍부한 지역이 될 가능성이 높다.[53] 많은 전문가들이 블록체인의 데이터 센터가 들어서기에 적합한 곳으로 여러 세계도시를 꼽는 대신, 아이슬란드를 꼽는다. 이전 같았으면 아무도 아이슬란드를 자본의 중심지가 될 곳으로 보지 않았을 것이다. 자본의 흐름이라는 프로세스가 도시의 환경에 누구도 예측하지 못한 방식으로 영향을 미친다는 것을 보여주는 좋은 사례다

3장

권력

힘의
과시 수단
일지라도

이 책이 다루는 프로세스 가운데 자본을 가장 먼저 살펴본 이유는 우리가 살고 있는 현대는 경제가 압도적으로 중요한 시대이기 때문이다. 하지만 전통적인 사회에서 도시의 형태에 가장 큰 영향을 미친 것은 자본이 아니라 정치적 권력의 작동이었다. 미국의 도시 연구자 루이스 멈퍼드는 1961년 기념비적인 건축물은 권력을 표현함으로써 사람들로 하여금 "경외할 만한 공포"를 느끼도록 하는 것을 가장 중요한 목표로 한다고 주장했다.[1] 이에 가장 잘 맞아떨어지는 도시는 워싱턴 D.C.일 것이다. 워싱턴 D.C.는 프랑스 건축가 피에르 샤를 랑팡의 설계로 만들어진 계획도시다. 랑팡은 원래 늪지대였던 지역을 반듯한 직선의 공간들로 구획함으로써, 계몽주의적 이성이 완벽하게 구현된 도시를 만들고자 했다. 워싱턴 D.C.는 처음부터 그렇게 '자연'과 대조되는 '인간'의 권능을 보여주는 공간으로 태어났다. 워싱턴 D.C.라는 공간의 중심에는 장대한 내셔널몰이 자리 잡고 있다. 내셔널몰을 중심으로 그 주변에 주요 정부 청사들이 배치되어 있다. 내셔널몰의 동쪽 끝에는 국회 의사당이, 서쪽 끝에는 링컨 기념관이 있다. 국회 의

사진 3.1

워싱턴 D.C.의 미국 국회 의사당.(2010년 사진)

사당과 링컨 기념관 중간에는 워싱턴 기념탑이 서 있다. 미국 초대 대통령 조지 워싱턴을 기리기 위해 세워진 이 탑은 1889년 에펠탑이 지어지기 전까지 세계에서 가장 높은 구조물이었다. 국회 의사당에서 링컨 기념관까지는 약 3킬로미터, 걸었을 때 한 시간 정도가 걸리는 거리다. 이 광활한 공간을 걷다 보면, 자신이 얼마나 작은 존재인지를 실감할 수 있다. 내셔널몰은 인간을 압도한다. 그 반대로 인간이 내셔널몰을 압도하는 경우는, 대규모 정치 집회나 대통령 취임식이 열려 워싱턴 D.C.의 인구보다 많은 인파가 모이는 소수의 경우 정도다.

건축과 정치적 권력의 관계를 연구하는 학자 로런스 베

일은 내셔널몰의 서쪽 끝에 있는 링컨 기념관을 통해 내셔널몰의 정치성을 다음과 같이 분석한다. 첫째, 링컨 기념관은 내셔널몰이 지닌 정치적 힘이 수렴되는 지점이자, 방문객들의 시선이 수렴되는 지점이다. 둘째, 링컨 기념관의 거대한 링컨상과 장식들은 이 공간에 종교적 의미를 부여한다. "링컨 기념관을 방문하는 이들은 설령 고전적 사원 건축의 양식에 대해 아무것도 모를지라도, 이 건축물에서 어떤 신적인 존재를 감지하게 된다."[2] 셋째, 링컨 기념관의 거대함은 권력의 막강함을 느끼게 한다. "워싱턴 D.C.의 많은 공간은 민주주의의 위대함을 경축하고 있지만, 아이러니하게도 동시에 권력의 위압적인 권위를 표현하고 있다."[3]

권력의 권위는 건축물의 거대함, 기하학적 구조, 질서를 통해 표현된다. 이런 건물은 세계 여러 곳에서 발견된다. 인도 뉴델리의 국회 의사당(1912~1929), 중국 베이징의 천안문 광장(1954~1959 증축), 브라질 브라질리아의 에이슈 모누멘타우(1957~1960)가 모두 그런 예다.[4] 실현되지 않은 과거의 계획까지 거슬러 올라가면 알베르트 슈페어의 게르마니아 계획도 여기에 포함된다. 게르마니아 계획은 1936년부터 1943년까지 히틀러의 건축가 알베르트 슈페어가 히틀러의 명을 받아 베를린을 게르마니아라는 게르만 제국의 수도로 재편성하기 위해 세웠던 계획을 일컫는다. 슈페어는 압도적인 규모의 거대한 국민대회당을 돔 건축물로 짓고자 했다. 그 규모가 얼마나 컸는지 만약 이 건물이 실현되었다면 실내에서 구름이 형성되어 비가 내렸을 것이라고 전해진다. 전통적으로 건축은 이처럼 권력을 상징하는 역할을 맡아왔다. 하지만 현대에는 이처럼 규모로 밀어붙여 권력을 표현하는 방법은 더 이상 사용되지 않는다. 우리는 이번 장에서 그 이유를 살펴볼 것이다. 현대 도시에서도 권력이 건축물을 통해 그 모습을 드러내는 것은 마찬가지지만, 과거와는 달리 노골적인 형태가 아니라 은밀한 방식으로 재현된다. 권력을 포함한 여러 프로세스는 도시의 외관에 영향을 미치지만, 그것이 처음부터 그렇게 의도된 경우는 많지 않다. 물론 현대 도시에서도 의도적으로 권력을 표현하기 위해 건물을 짓는 경우가 전혀 없는 것은 아니지만 (이런 경우에조차도 사람들이 권력에 "경외할 만한 공포"를 느끼도록 건물을 설계하는 일은 거의 없으며) 대부분의 경우 건축물을 통해 권력이 표현되는 방식은 애초에 설계되고 의도된 경우가 아니다. 이 문제를 탐구하기 위해 우리는 먼저 권력의 의미가 그동안 어떻게 변화되어 왔는지 살펴볼 필요가 있다. 권력을 재현하는 방식이 바뀌었다는 것은 그 이전에 권력 자체의 속성이 바뀌었음을 의미하기 때문이다.

멈퍼드나 베일이 상상한 강력한 방식의 권력을 설명한 이론가로는 철학자 한나 아렌트가 있다. 아렌트는 기념비적인 저서 『전체주의의 기원』에서 권력을 초월적 이데올로기로 보았다. 아렌트는 권력의 극단적 형태이자, 당시로서는 새로운 이데올로기였던 전체주의에서는 공포를 사회의 (일부가 아니라) 전체에 주입함으로써 권력이 작동한다고 분석했다.[5] 공

사진 3.2

천안문 광장. 1415년에 만들어진 세계에서 가장 큰 광장이다. 1959년 광장을 더 확장하여 50만 명이 모이는 집회도 가능하게 되었다.(2017년 사진)

포를 사회 전체에 주입하는 수단은 다양했다. 건축은 그 수단 중 하나였고, 1930년대 히틀러가 베를린에 지은 일련의 거대한 건축물들도 히틀러가 상상한 통제의 수단이었다(단, 거대한 건축물들을 설계한 알베르트 슈페어의 동기도 히틀러처럼 명시적인 권력의 행사였는지는 확실하지 않다).[6] 아렌트가 박해의 경험이 있는 유대인이었던 만큼 정치적 권력에 대한 그의 이해는 그럴 만하게도 2차대전의 경험에 기반하고 있었다. 또 권력에 대한 그의 이해는 시민들이 기본적으로 수동적인 존재로 여겨지는 특수한 버전의 권위와 통제에 초점을 맞추고 있었다. 권력 이론가 스튜어트 클레그가 지적하듯 이와 같은 형태의 권력은 '가장 거칠고 노골적인 형태의 권력'이며 '직접적인 폭력'이나 '유예된 폭력으로서의 강압'의 형태로 표현된다.[7]

우리는 아주 오래전 과거에는 사람들이 권력을 물리적 폭력의 형태로 경험했으리라는 것을 쉽게 상상할 수 있다. 워싱턴 D.C.에 있는 신고전주의 양식으로 지어진 기념비적 건축물들만 해도 그렇다. 이 건축물들은 단순히 도시의 중심을 표지하는 역할을 하기 위해 존재하는 것이 아니었다. 이 웅장한 건축물들은 시민들에게 어느 곳은 가도 되고, 어느 곳은 가서는 안 된다고 물리적으로 지시하고 통제하는 역할을 했다. 링컨 기념관의 링컨상만 해도 그 거대함과 웅장함 때문에 과거의 사람들에게는 일종의 폭력이자 위협으로 작용했을 것이다. 현대로 치면 이 건축물들은 일종의 경찰이나 유흥업소의 문지기 같은 역할을 한 것이다. 하지만 도시를 이런 식으로 거칠게 이해하는 방식은 2차대전 이후 등장한 소비사회에서는 더는 통하기 어렵다. 과거에는 개인이 수동적인 존재로 여겨졌지만, 이제 시민은 일정한 행위력을 지닌 존재로 여겨지기 때문이다. 현대 사회에서 개인은 다양한 역할을 수행하고 해석하는 능동적인 행위자다. 과거처럼 외부에서 가해진 권력에 무조건적으로 순종하는 존재가 아니다. 이처럼 권력과 관련하여 개인을 새롭게 이해할 수 있게 된 것은 『자아 연출의 사회학』을 쓴 사회학자 어빙 고프먼의 기여가 크다.[8]

이후의 권력 이론가들은 근대사회에서 권력이 일상에

체화되어 있다고 보았다. 먼저, 미셸 푸코는 아렌트와는 달리 『감시와 처벌』에서 권력을 인간관계에 가해지는 추상적 형태의 외부적 힘으로 보지 않고, 인간관계 안에 체화되어 있는 힘으로 보았다. 건축을 공부한 사람이라면, 파놉티콘에 대한 푸코의 설명에 전율을 느낀 경험이 있을 것이다. 파놉티콘은 19세기의 감옥 건축 양식이다. 간수는 중앙의 감시탑에서 감시탑을 원형으로 빙 에워싸고 있는 감방 안의 죄수를 감시할 수 있지만, 죄수들은 다른 이들을 볼 수 없다. 죄수들은 자신이 감시당하고 있다는 사실을 인지한다. 푸코에게 파놉티콘은 단순한 건축이 아니라 근대 사회의 권력을 체화한 건축물이다.[9]

이제 권력에 대한 관점들은 지금과 같은 다원주의 사회에서 권력이 의미를 지니기 위해서는 대중의 합의가 필요하다는 것을 대체로 인정한다. 하지만 놈 촘스키가 지적하듯, 이 합의라는 것은 여론에 의해 '조작'될 수 있다.[10] 그렇기 때문에 정치적 권력에 대한 최근 이론들은 이에 맞설 수 있는 대항 권력의 형태에 주목한다. 이런 대항 권력의 가장 가시적인 예 하나가 바로 21세기 초 전 세계에서 일어났던 '오큐파이' 운동이다(이 운동은 촘스키에게 영감을 받은 측면도 있으며, 촘스키 역시 이 운동에 지지를 보냈다).[11] 정치적 권력을 좀 더 정교하게 다루는 최신 이론에서는 (오스트레일리아의 사회학자 스튜어트 클레그가 지적하듯), 권력을 '모두가 알고 있는 룰'을 게임의 규칙으로 하는 '여러 관계들의 체계'라고 정의한다. 이 '사회적 지식의 공유된 체계'로서의 권력 속에서 사회의 구성원은 모두가 자신

의 위치에 따라 다른 방식을 통해 행위자로 참여하게 된다.[12]

그렇다면 이 모든 권력 이론들이 도시의 외관과 관련하여 의미하는 바는 무엇일까? 다원주의적이고 시장 중심적인 오늘날의 사회에서 권력은 과거와 같은 방식으로 표현되지 않는다. 어떤 권력의 건축물은 상대적으로 더 노골적으로 권력을 표현하도록 지어지고, 어떤 권력의 건축물들은 상대적으로 더 은밀하게 권력을 표현하도록 지어지지만, 이런 차이에도 건축물이 과거 워싱턴 D.C.가 처음 지어졌을 때처럼 계몽주의적인 이상에 따라 권력을 표현하도록 지어지는 경우는 더 이상 없다. 현대 도시가 생산하는 권력의 이미지들은 사회의 모든 구성원이 일정한 행위성을 지니고 있는 것처럼 그린다. 물론 많은 경우 이런 이미지들은 허구일 것이다. 하지만 그것은 우리가 우리와 권력이 관계 맺고 있는 방식을 어떻게 상상하고 있는지 말해준다는 점에서 중요한 허구다.

포스트모더니즘을 품은 권력

현대 도시의 권력 관계를 가장 충격적인 방식으로 보여준 것은 1970년대 말부터 미국에서 등장하기 시작한, 포스트모더니즘 건축 양식으로 지어진 건물들이다. 그 예로 포스트모더니즘 양식으로 지어진 최초의 주요 대형 건물이자 대표적인 포스트모더니즘 건물인 포틀랜드 시청사Portland Municipal Services Building를 들 수 있다. 오리건주의 최대도시 포틀랜드시의 10개 부서가 입주해 있는 포틀랜드 시청사는 미국 건축가 마이클 그레이브스가 설계했다. 포틀랜드 시청 본관의 북쪽이자 채프먼 광장의 서쪽에 있는 블록에 위치한 포틀랜드 시청사는 그 외관이 매우 특이하다. 이 20층짜리 건물은 커다란 입방형 상자처럼 보이고, 네 벽면에는 아주 작은 크기의 정사각형 창문들이 일정한 간격으로 반복적으로 나 있다. 건물의 전체적인 모양만 보면 얼핏 20세기 초반 지어진 포틀랜드의 다른 관공서 건물들과 비슷해 보인다. 하지만 건물의 파사드는 전혀 그렇지 않다. 대리석으로 말끔하게 마감된 건물의 외벽에는 필라스터가 부조되어 있고, 필라스터 상단에는 도리아 양식의 머릿돌과 터무니없이 큰 크기의 녹색 리본이 붙어 있다. 당시 관공서 건물의 지배적인 디자인이었던 신고전주의 양식을 모사함으로써 신고전주의 양식을 조롱하고 있는 것이다. 건물 내부는 비용 문제로 설계와는 달리 정교하게 완성되지 못했다.[13] 창문만 해도 실용적인 기능을 못 하는데, 그 크기마저도 가까이서 보면 멀리서 볼 때보다 훨씬 더 작다.[14] 포틀랜드 시청사에 표정이 있다면 그것은 덤덤한 무표정일 것이다. 이 건물은 기이한 장식을 한 하나의 커다란 직육면체 덩어리라는 인상을 준다. 이 건물은 처음 나왔을 때 긍정적인 평가를 거의 받지 못했고, 양식적인 재앙의 출현으로 여겨졌다. 모더니즘 건축의 옹호자인 프램튼은 이 건물의 설계를 2차원적인 파사드의 유희라고 평가하며, 장면 디자인scenography으로의 반갑지 않은 회귀라고 비판했다. 하지만 이 건물을 긍정적으로 받아들인 이도 있었다. 건축가이자 포스트모더니즘 건축 이론가인 찰스 젠크스는 포스트모더니즘 건물이 다양한 양식을 동시에 사용하는 이중으로 기호화하는double coding 전략을 채택한다면서, 이런 전략을 활용하는 포스트모더니즘 건물이 한 가지 양식만을 사용하는 모더니즘 건물보다 다양한 사용자의 요구를 수용하는 데 더 적합하다고 긍정적으로 평가했다. 젠크스는 또 포스트모더니즘 건물을 이렇게 평가했다. "포스트모더니즘 건물은 언제나 기이한 요소를 포함하고 있다. 포스트모더니즘 건물은 이 시대의 특징, 이 시대의 감수성이

사진 3.3

마이클 그레이브스가 설계한 포틀랜드 시청사. 미국 오리건주 포틀랜드시 소재. 포스트모더니즘 양식으로 지어진 최초의 주요 대형 건물로 평가받는다.(2017년 사진)

라 할 만한 '역설'을 잘 드러낸다."[15]

젠크스의 평가는 권력에 대한 태도와 권력을 표현하는 방식이 어떻게 변화되었는지를 잘 보여준다. 워싱턴 D.C.의 정치인이라면 역설을 드러내는 건축물 같은 것은 원하지 않을 것이다. 정치인들은 권력이 국가에서 국민을 향하는 쪽으로 일방향으로 흐르며 언제나 명징하게 표현되기를 바라기 때문이다. 반면, 젠크스가 말하는 '역설'은 권력에 대한 좀 더 섬세한 이해를 드러내며, 다양한 형식의 의미화를 가능하게 한다. 포스트모더니즘 양식의 관공서 건물은 포틀랜드 시청사 이후에도 1980~1990년대 미국, 일본, 유럽 등지에서 계속 등장했다. 영국에서도 중요한 포스트모더니즘 건물이 등장했는데, 영국 건축가 테리 패럴이 1994년 완공한 영국 비밀정보부 건물SIS Building이다. 영국의 대외정보기관 MI6의 본부로 사용되고 있는 이 건물은 런던 템스강변 복스홀 크로스에 위치해 있으며, 2만 5,000제곱미터나 되는 넓은 면적을 차지한다. 특기할 점은 이 건물이 처음부터 정부 정보기관의 본부로 설계된 건물이 아니라는 점이다. 이 건물은 원래 민간 부동산 개발사 건물로 설계되었지만, 비밀정보부가 구입해 지금의 용도로 사용하고 있는 것이다. 이는 현대 세계도시에서 권력이 행사되는 방식이 변화했음을 잘 보여준다. 권력의 존재가 잘 인지되고 있는 한, 권력이 굳이 명시적인 방식으로 표현될 필요가 없어진 것이다. 그렇기 때문에, 비밀정보부임에도 민간용으로 설계된 건물을 개의치 않고 정부 기관의 건물로 사용할 수 있는 것이다. 이제는 건물을 보는 이에게 굳이 위압감을 전달할 필요가 없다. 그저 그 자리에 권력이 존재하고 있다는 정도만 알리면 된다. 하지만 처음부터 정부 건물로 설계되지 않았다고 해서, 이 건물이 특별한 의도 없이 설계된 것은 아니다. 비밀정보부 건물은 오히려 설명하기 복잡할 정도로 다양한 양식을 사용해 매우 의식적으로 설계한 건물이다. 먼저 색깔을 보면, 회백색 포틀랜드 석재로 된 벽에 선명한 초록색으로 된

삼중 방탄유리창이 눈에 띈다. 강렬한 초록색은 템스강의 잿빛이나 주변 건물들의 색깔과도 강렬한 대조를 이룬다. 형태적으로는 정확한 좌우 대칭을 이루고 있으며, 아트리움이 달린 두 개의 타워를 향해 밑에서부터 계단식으로 좁아지는 궁전을 연상시키는 모습이다. 대략적으로는 신고전주의 양식을 따르고 있다고 할 수 있다. 이 건물에는 두 개의 얼굴이 있다. 이 건물은 뒤쪽(이라고는 했지만 실은 정문이 있는 쪽)에서 봤을 때는 1920년대 지어진 미국 관공서 건물의 외관과 존재감을 연상시킨다. 반면, 템스강 쪽에서 봤을 때는 신고전주의, 마야 피라미드, 아르데코, 또 그 이외의 것들이 마구 섞여 있는 모습

사진 3.4

테리 패럴이 설계한 런던의 영국 비밀정보부 건물. 1994년 완공.(2018년 사진)

이다.

이처럼 포스트모더니즘 건물들은 권력의 상징 수단으로 활용되던 전통적 건축 양식들을 일종의 농담으로 만들며 유희한다. 또, 그 양식들의 전략을 폭로하고 전시한다. 영국 비밀정보부 건물 앞에는 침엽수들이 줄지어 심어져 있다. 건물이 막 완공되었을 당시에는 이 침엽수들이 트리 모양으로 거의 완벽하게 다듬어져 있었다. 그 모양이 얼마나 정확한 대칭을 이루고 있었는지 얼핏 보아서는 그 나무들이 진짜인지 가짜인지 구별하기조차 어려울 정도였다. 진짜 나무를 가짜 나무처럼 보이게 만드는 일이 그렇게 간단하지 않다는 점을 생각해본다면, 이는 의식적으로 공을 들여서 살아 있는 나무를 장난감 나무처럼 보이게 만든 것이 분명하다. 이런 특징은 건물의 거대한 규모, 지구라트 사원을 연상시키는 이국적인 외관과 어우러지면서 비밀정보부 건물을 레고 블록으로 만든 일종의 장난감 건물로 만든다.

이런 특징이 권력과 관련하여 함의하는 바는 무엇일까? 국가의 권위가 의심받지 않고 확고하다면, 도시는 권력의 언어를 명시적인 방식으로 사용할 필요가 없다. 도시는 유희할 여유를 갖게 되고, 심지어 자신의 전략을 과시하듯 노출시키기도 한다. 이때 전통적인 권력의 상징은 불필요하다. 그러므로 국가권력은 자신의 상징을 고안하는 대신 과감하게 타자의 상징을 사용하기도 한다. 이런 국가기관 건물의 시각적 모호함은 다시 말해 진정한 구조적 모호함을 의미한다.

영국 비밀정보부 건물은 정부 건물이기도 하고, 정부 건물이 아니기도 하다.[16] 이는 현대 도시의 경관과 관련하여 중요한 점을 시사한다. 포스트모더니즘 건축은 건물 외관의 시각적 수사가 권력의 상징 수단임을 드러내는 역할을 했다. 건축에서 포스트모더니즘 양식은 결과적으로 오래 지속되지는 못했지만, 이런 점에서 권력을 상징하는 공간의 설계에 지금까지도 큰 영향을 미치고 있다.

투명한 권력이라는 환상

이처럼 포스트모더니즘 건축은 권력을 농담으로 만들지만, 궁극적으로는 보는 사람을 무력하게 만든다는 점에서 그 농담은 사악한 농담이다. 포스트모더니즘이 강세를 보인 영미권을 벗어나면 포스트모더니즘 건축은 권위를 이보다 더 공공연하게 재현하는 경향을 띠었다. 단게 겐조가 설계한 거대한 쌍둥이 건물, 도쿄도청사Tokyo Metropolitan Government Building(1990)가 좋은 예다. 도쿄도청사는 그 외적 형태를 통해 표층과 심층을 고도의 수사적인 방식으로 구분하고, 미국 1세대 마천루들, 그리고 권력의 영화적 이미지들(가장 명백하게는 프리츠 랑 감독의 영화 〈메트로폴리스〉의 이미지)과 유희한다. 하지만 동시에 신고전주의적으로 설계된 이 건물의 압도적인 규모는 이 건물을 권위적인 것으로 읽을 수밖에 없게 만든다. 어떤 건물이라도 '경외할 만한 공포'를 불러일으킬 수 있는 것이라면, 도쿄도청사는 그 표면적 지시들을 통한 포스트모더니즘적 유희에도 불구하고 '경외할 만한 공포'를 생산한다.

사진 3.5

단게 겐조가 설계한 도쿄도청사. 1990년 완공. 영화 〈메트로폴리스〉의 마천루가 현실에 모습을 드러낸 것처럼 보인다.
(사진 저작권: Bohao Zhao, Wikimedia)

하지만 권력에 대한 다른 방식의 재현도 있다. 포스트모더니즘 담론과 관련하여 중요하게 참고할 텍스트는 한나 아렌트의 『인간의 조건』이다. 아렌트는 이 책에서 인간의 삶은 곧 공적 삶이므로 '출현의 공간space of appearance'을 만드는 것이 중요하다고 말한다. 아렌트가 은유적으로 표현한 이 '출현의 공간'은 '공공성'의 공간이다. 조지 베어드, 피터 로 같은 건축학자들은 이 '출현의 공간'을 이론적 토대로 삼아, 건축이 '공공성'을 복원해야 한다고 주장한다.[17] 이 '출현의 공간'이라는 개념을 건축의 모습으로 가장 잘 구현한 건축가로는 스페인의 건축가 오리올 보히가스가 있다. 도시의 공공성이란 문제에 천착했던 보히가스는 1980년대에서 1990년대에 이르는 기간 동안 바르셀로나에 여러 공적 공간을 조성하며 도시의 공공성을 강화하는 작업을 진행했다.[18] 보히가스는 도시의 핵심이 그 도시의 공적 공간에 있다고 믿었다. 보히가스는 바르셀로나를 시민들이 공적으로 이용할 수 있는 공간으로 만드는 것이 자신의 목표였다고 말한다.[19]

공공성에 대한 아렌트적인 신념은 도시 건축의 측면에서 그 무엇보다도 '투명성'의 설계를 주요한 개념으로 부상시켰다. 가장 대표적인 예가 독일 국회 의사당(라이크스타크Reichstag building)이다. 독일 국회 의사당은 그동안 사용되지 않고 방치되고 있었던 제국의회 의사당 건물을 리모델링하고 건물의 꼭대기에 투명한 유리돔을 세운 건물이다. 이 유리돔은 채광창의 역할을 하고 있을 뿐 아니라, 시민들이 본회의장을 직접 내려다볼 수 있는 창문의 역할도 한다. 독일 국회 의사당을 담은 많은 사진들은 투명한 유리돔과 하늘을 배경으로 느슨하게 모여 있는 관광객들의 모습을 보여준다. 이는 국가권력을 재현하는 전통적인 이미지와는 크게 다른 모습이다. 1999년 독일 국회 의사당을 이렇게 리모델링한 이들은 포스터 & 파트너스다. 이들은 2002년 런던 시청사London City Hall를 건축할 때도 이 투명성이라는 개념을 다시 사용했다. 이들은 독일 국회 의사당과 비슷한 방식으로 런던 의회 건물에 나선형으로 돌며 올라가는 500미터 경사로를 포함하여, 토론장의 모습을 어디에서나 잘 보이게 했다. 온 건물에 유리를 사용하여 투명성의 수사도 독일 국회 의사당보다 더 강화했다. 시청사를 원형으로 만들어 건물에 파놉티콘적인 특징을 부여함으로써, 유럽에서 가장 큰 도시 런던의 업무를 관장하는 이 건물에서 일어나는 모든 일을 누구나 볼 수 있다는 관념을 만들었다.

런던 시청사에 있는 런던 의회는 그 전신 기관이었던 광역 런던 의회Greater London Council보다 행정적으로 훨씬 작은 기관이다. 런던시 의원 수도 광역 런던 의회 시절에는 100명이었던 것이, 지금은 25명으로 축소되었다. 넓이도 2만 제곱미터밖에 되지 않아 작은 사무용 빌딩 정도의 규모에 불과하다. 1층 한가운데는 선출직 시 의원 25명의 좌석이 있는 원형 회의장이 있고, 나머지는 런던 시장과 런던시 공무원 500명의 사무 공간이다. 광역 런던 의회 시절 청사에 비하면 아주 작은 규모다. 런던 시청사는 또 환경친화적인 건물이기도 하다. 유리로 된 건물로는 흔치 않게 모든 창문을 열 수 있게 한 자연 환기 시스템을 갖추고 있다. 사용하는 에너지도 같은 규모의 건물에 비해 4분의 1밖에 되지 않는다.[20] 런던 시청사는 투명하고, 친환경적이고, 깨끗한 이미지를 통해 공공성의 수사를 극대화한다. 요컨대, 런던 시청사는 권력의 행사가 중요한 역할인 건물에서 권력이 축소되도록 설계된 건물이다.

포스터는 이후에도 투명성이라는 개념을 꾸준하게 사용해왔다. 그는 독일 국회 의사당 리모델링 프로젝트 이후 지난 20년 동안 여러 중요한 공적 공간을 투명성이 강조된 건물로 지어 왔다. 영국 재무부 건물 리모델링(2005), 싱가포르 대법원(2005), 아르헨티나 부에노스아이레스 시청사(2015), 카자흐스탄 나자르바예프 센터(2014) 등이 모두 포스터의 작품이다. 이 건물들에서 투명성의 수사는 권력을 약화시키고 부드럽게 만든다. 포스터가 아닌 다른 건축가가 설계한 투명성의 건물로는 영국 건축가 리처드 로저스가 맡은 영국 웨일스 의회 의사당Welsh Parliament이 있다. 웨일스 의회 의사당은 사방이 투명한 유리 건물 위에 나무로 된 가볍고 물결치는 형태의 지붕이 얹혀 있는 형태다. 로저스는 이 건물의 설계 의도를 "의회 내부에서 일어나는 일이 투명하게 보이도록 함으로써, 모든 시민이 민주적 과정에 참여할 수 있도록 하는 것"이라고 밝히고 있다.[21] 웨일스 의회 의사당은 의회 건물의 예산으로는 매우 적은 4100만 파운드로 지어졌다. 또 중요한 국가 기관의 건물로는 드물게 어떤 경쾌하고 반짝이는 감각을 간직하고 있다. 웨일스 의회는 정치적 권력의 건물이면서도, 그 정치적 권력이 가능하면 느껴지지 않도록 설계된 건물이라 할 만하다.

권력의 투기장: 스코틀랜드 의회 의사당

이처럼 투명성이 강조된 건물들에서 재현되는 권력의 이미지는 권력은 분산되어 있고, 접근 가능하며, 시민들의 감시에 열려 있다는 자유주의적인 신화에 부합한다. 하지만 이 신화에서 이상하게 뒤틀린 건물이 나오기도 한다. 그 좋은 예가 엔릭 미라예스와 베네데타 탈리아부에의 건축 회사 EMBT가 1999년부터 2004년에 걸쳐 지은 스코틀랜드 의회 의사당Scottish Parliament Building이다. 스코틀랜드 의회 의사당이 좋은 예라고 한 이유는 권력이 불확실하고 여러 권력이 서로 경합할 때 그 권력이 어떤 식으로 표현되는지를 이 의사당이 무의식적으로 재현하고 있기 때문이다. 이 책의 논지와 연결지어 표현하자면, 이 건물이 프로세스를 재현하고 있다는 말이다. 스코틀랜드 의회 의사당은 설계를 온전히 담당하고 책임지는 이가 부재할 때 권력의 프로세스가 어떻게 재현되는지를 잘 보여준다.

사진 3.6

엔릭 미라예스와 베네데타 타글리아부의 건축 회사 EMBT 및 그 로컬 파트너 회사 RMJM이 설계한 에든버러 소재 스코틀랜드 의회 의사당. 사진은 칼턴 힐에서 바라본 풍경으로 의회 의사당이 구시가지와 잘 연결되어 있음을 확인할 수 있다.(2018년 사진)

스코틀랜드 의회 의사당은 에든버러에 있는 한 건물에 불과하지만, 1990년대 중반 이 건물의 건축 프로젝트는 건축가들 사이에서 상당히 중요한 프로젝트로 여겨졌다. 스페인 건축가 엔릭 미라예스부터가 스타 건축가였다. 에든버러도 세계도시로 도약하려는 야심을 품고 있는 도시였다. 에든버러는 당시 시가총액 기준으로 세계 1위였던 스코틀랜드 왕립은행의 본사가 있는 도시이자, 세계 최대의 공연예술 축제 에든버러 프린지 페스티벌의 도시이다. 당시는 중앙 정부가 지방 정부에 권력을 이양하는 것이 추세였던 때로, 정권을 잡은 영국 노동당이 스코틀랜드 의회로 권한의 상당 부분을 이양하던 때였다. 유럽연합(EU) 차원에서도, 소단위의 법률이나 제도가 우선하고 소단위의 책임 범위를 넘어서는 단계에서 차상위의 제도가 적용돼야 한다는 '보충성의 원리'가 점점 더 중요시되면서, 유럽연합보다 국가, 국가보다 지방의 권력 행사가 더 우선되어야 한다는 입장이 확립되던 때였다.[22]

스코틀랜드 의회 의사당 단지는 소박한 모양의 건물들로 이루어져 있다. 의사당 단지 이쪽에는 네모난 건물이, 저쪽에는 둥그런 건물이 흩어져 있는 식이다. 건물들의 크기도 작다. 하지만 스코틀랜드 의회 의사당은 실제로는 큰 예산이 든 건물이다. 처음부터 큰 예산을 사용할 계획은 아니었다. 초기 예산은 1000만 파운드에 불과했다.[23] 하지만 회의장을 갖춘 소박한 건물로 지으려 했던 것이 의원 129명, 장관, 공무원들의 집무 공간, 일반인을 위한 시설을 갖춘 건물로 규모가 커지면서 결국 처음 예산의 40배인 4억 파운드를 써서야 공사를 마무리할 수 있었다. 스코틀랜드 의회 의사당은 묘사하는 것 자체가 매우 어려운 건물이다. 앞을 못 보는 사람이 더듬거리는 코끼리처럼, 어느 쪽에서 보느냐에 따라 전혀 다른 건물이 되기 때문이다. 일단 건물에 정면이나 후면이라는 것이 없다. 어느 쪽에서는 튀는 건물로 보이지만, 어느 쪽에서는 얌전한 건물로 보인다. 어느 쪽 부지는 에든버러 로열 마일 거리의 도심과 연결되어 있지만, 어느 쪽 부지는 화산 분출로 생성된 솔

즈베리 바위 절벽 기슭과 맞닿아 있다. 브루탈리즘을 살려 콘크리트를 그대로 노출시킨 부분이 있는가 하면, 포스트모더니즘 요소가 두드러지는 부분도 있다. 심지어 의회 부지 한편에 18세기에 지어진 역사적 건물인 퀸스베리 하우스가 복원되어 있기도 하다.

스코틀랜드 의회 의사당은 명확한 의미를 지닌 건물로 계획되었지만, 완공된 의사당의 이미지에는 의도했던 의미의 안정성이 거의 없다. 의원 129명의 사무실마다 건물 바깥으로 튀어나오도록 설치된 독서 공간은 초상화가 헨리 레이번이 1790년대에 그린 그림 〈더딩스턴 호수에서 스케이트를 타는 목사〉에 영감을 받아 디자인된 것으로, 두 건축가가 건축 초기에 낸 아이디어다. 건축가들은 뒤집힌 어선이나 나뭇잎의 형태에 설계의 영감을 받았다고 말하기도 했다. 즉, 원래대로라면 의사당은 원래 자연경관을 암시하고 재현하고자 한 것이었다. 의사당 실내도 복잡한 것은 마찬가지다. 회의실 천장은 정교하게 연결된 목재 트러스들이 천장을 지지하고 있는데, 이는 스코틀랜드와 잉글랜드가 통합되기 이전에 사용되던 중세의 스코틀랜드 의회 의사당의 모습에서 가져온 것이다(구 의사당은 현재의 의사당과 약 1킬로미터 떨어진 거리에 지금도 존재한다). 의도적으로 복잡하게 만들어진 것으로 여겨지는 리셉션 데스크 공간에는 역사적인 요소도 보이는데, 그것은 오크니 제도의 성 마그누스 성당St Magnus Cathedral이나 르코르뷔지에가 설계한 프랑스 생 마리 드 라투레트 수도원Sainte Marie de La Tourette

에서나 볼 수 있을 법한 원통형 궁륭barrel vault이다. 이처럼 의회 의사당에는 여러 역사적 건축물에 대한 참고와 암시가 가득하다. 르코르뷔지에의 건축물, 해리 포터의 마법학교, 디즈니의 놀이동산을 뒤섞어 놓은 것만 같은 스코틀랜드 의회 의사당은 매년 40만 명의 관광객이 즐겨 찾는 인기 관광지다.[24]

스코틀랜드 의회 의사당의 설계가 이렇게까지 복잡하게 된 데에는 여러 이유가 있었다. 첫째, 부지 선정이 매우 늦게 이루어졌다. 원래 후보였던 부지들이 여러 이유로 적합하지 않다는 것이 밝혀지면서 한참 뒤늦은 시점에야 홀리루드로 부지가 결정되었다.[25] 둘째, 규모도 처음 설계에서 크게 변경되었다. 임시 의회 의사당을 사용하는 과정에서 원래 설계안의 규모가 너무 좁다는 것이 밝혀지면서 처음 계획한 규모보다 4,000제곱미터를 더 늘려 재설계해야 했다. 셋째, 공사 기간 도중 일어난 9.11 테러도 설계 변경에 영향을 미쳤다. 안전에 대한 우려가 가중되면서 일반인이 출입할 수 있는 공간에 대한 설계를 바꾸어야 했고, 일반인이 출입할 수 있는 별도의 입구도 추가해야 했다. 이 과정에서 예산이 크게 증가했다. 스코틀랜드 의회 의사당 건축을 중단해야 한다는 의견도 분분했다. 넷째, 공사 도중 미라예스가 불과 마흔다섯의 나이에 뇌종양으로 세상을 떠났다. 설상가상으로 얼마 안 있어 이 프로젝트를 주도적으로 추진한 초대 의회의장 도널드 듀어도 뇌출혈로 세상을 떠났다. 마지막으로 다섯째, 스코틀랜드 의회 의사당 건축의 책임을 맡은 스코틀랜드 의회 집행기구가 건축

시공팀과 원활하게 의사소통을 하지 못한 것도 문제였다. 초당적으로 구성된 스코틀랜드 의회 집행기구는 당시 권한을 이양받은 지 얼마 되지 않는 신생 기구에 불과했다. 이 집행기구가 건축 시공팀, 건축 자문위원회, 스코틀랜드 의회 사이를 조율하며 업무를 수행하는 것은 쉬운 일이 아니었다.

이런 복잡한 상황에서라면 그 누구도 명료한 사고를 하기 어렵다. 돌이켜 살펴보면 현재 완공된 의사당은 공사 당시의 시간적, 공간적 상황에서 작동하던 정치적 권력의 속성을 완벽히 재현하고 있는 것으로 보인다. 스코틀랜드 의회는 건축이라는 매체를 통해 자신의 존재를 세계에 드러내고 싶어 했는데, 공사가 끝나기도 전부터 권력의 정도를 확립하고 싶어 했다. 또, 개방성에 대한 욕망을 충족시킬 수 있는 건물이 될 것을 요구받으면서도, 9.11 이후에는 보안과 안전에 대한 요구도 동시에 충족시키도록 요구되는 등, 권력과 민주주의에 대한 서로 모순된 기대치 속에서 건축이 이루어졌다. 미라예스는 줄곧 '도시city'에 대비되는 '땅land'이라는 주제에 큰 중점을 두고 있었고, '땅'을 통해 의회 의사당에 의미를 부여하고자 했지만, 스코틀랜드 의회 의사당은 결국 홀리루드라는 전형적인 도시 환경 위에 건축되었다.

스코틀랜드 의회 의사당은 정치적 권력의 속성 일부를 그대로 보여준다. 그것은 분산되어 있고, 모호하며, 이상주의적인 권력, 그리고 무엇보다도 '다른 어떤 곳somewhere else'에 있는 권력의 모습이다. 스코틀랜드의 경우 그 '다른 어떤 곳'은 에든버러 리스에 위치한 스코틀랜드 정부 리스 청사다. 리스 정부 청사의 건축은 RMJM이 맡았는데, RMJM은 스코틀랜드 의회 의사당 건축에 EMBT의 로컬 파트너로 참가한 스코틀랜드 건축사다. 정부 청사는 의회 의사당과 달리 아무런 문제 없이 매끄럽고 신속하게 지어졌다. 2,000명이 넘는 공무원이 근무하는 리스 청사는 여러 곳에 흩어져 있는 스코틀랜드 정부 청사 건물 중 가장 큰 건물이다. 스코틀랜드의 진짜 정치 권력이 있는 곳은 회의장이 있는 의회 의사당이 아니라, 관료주의가 지배하는 이곳 정부 청사일 것이다. 스코틀랜드 정부 리스 청사는 스코틀랜드 의회 의사당에 비하면 훨씬 작지만, 도시의 정치적 권력을 살펴보려면 바로 이 정부 건물들에 주목해야 한다. 현대 국가의 권력 구조에서 의회 의사당은 그저 구색에 불과한 공간인 경우가 많다. 미라예스의 스코틀랜드 의회 의사당도 예외가 아니다.

지독한 관료주의

그렇기 때문에 권력이 도시에서 어떻게 작동하는지 자세히 살펴보기 위해서는 관료주의에 주목해야 한다. 막스 베버는 『프로테스탄트 윤리와 자본주의 정신』에서 관료주의가 분업화된 전문화, 위계서열, 문서주의, 연공서열, 능력에 의한 승진과 같은 특징을 통해 권력을 계속 유지해 나간다고 분석했다. 베버는 당시의 정부 조직을 면밀히 관찰함으로써 관료주의의 이런 특징을 파악했다.[26] 현대의 우리는 국가권력의 주변부에 속한 여러 분야들에서도 관료주의의 특징을 발견한다. 이런 분야들이 영향력을 가지기 위해 정부와 유사한 체제를 도입하기 때문이다. 워싱턴 D.C.는 21세기 초부터 정부와 밀접한 관계를 유지해야 하는 신관료주의 조직들이 계속 들어서는 젠트리피케이션을 겪고 있다.[27] 워싱턴 D.C.의 많은 로펌, 로비스트 회사, 비영리기관은 표면적으로는 정부와 독립적인 관계를 유지하는 조직처럼 보이지만, 실은 정부를 위해 일하는 조직들이다. 이 조직들에게 정부에 대한 접근성은 상당히 중요한 문제다. 이들은 정부와 가까운 곳에 위치한 건물을 필요로 하지만, 그렇다고 회의장이나 법정, 권력을 과도하게 상징하는 공간을 필요로 하는 것은 아니다. 그들에게 필요한 것은 관료주의적 권력을 익명적으로 행사할 수 있는 공간이다.

관료주의와 도시의 관계를 가장 잘 관찰할 수 있는 도시는 브뤼셀이다. 벨기에의 수도이자, 1958년부터 유럽의 실질적인 수도 역할을 해오고 있는 도시다.[28] 브뤼셀은 유럽연합의 전신인 유럽경제공동체(EEC) 출범 이후 이 연합 기구의 여러 기관들이 한 곳에 모일 수 있는 도시로 부각되면서, 지금과 같은 위치의 도시로 성장했다. 여기에는 브뤼셀 부동산 시장의 발빠른 대응도 큰 역할을 했다. 강한 행정력이 부재하던 유럽경제공동체의 정치적 공백을 브뤼셀 부동산 시장이 파고든 것이다. 브뤼셀은 다음 세 가지 면에서 흥미롭다. 첫째, 브뤼셀이 유럽연합의 수도라는 현재의 정치적 지위를 누리게 된 데에는 특별한 이유가 있었던 것이 아니다. 그것은 그저 우연이었다. 'B'로 시작하는 벨기에는 유럽경제공동체 회원국 중 알파벳 순으로 가장 앞선 국가다. 벨기에는 단지 그 이유만으로 유럽경제공동체의 최초 의장국이 되었다가, 그게 굳어지면서 지금과 같은 도시로 성장했다. 르네 마그리트의 도시에 어울리는 초현실적인 일화다.[29] 둘째, 브뤼셀의 이런 부조리는 브뤼셀이 권력을 재현하는 역사적 전통에서도 드러난다. 작은 도시 규모에도 브뤼셀에는 유럽, 아니 세계에서 가장 웅장한 기념비적 건축물이라고 칭해도 될 만한 건축물이 몇 있다. 그중 으뜸은 건축가 요서프 풀라르트가 1866년에서 1883년 사이 마롤 지구에 지은 정의궁Palais de Justice이다. 정의궁은 19세기에 건축된 단일 건물 중 가장 큰 건물로 여겨지는 궁전이다. 풀라르트는 이 거대한 건물을 짓기 위해 마롤 지구의 상당 부분을 강제 철거했다. 떠도는 말에 의하면, 이에 분노한 마롤 주민들이 이때부터 마롤 방언으로 '건축가'를 뜻하는 'architek'을 심한 욕으로 사용하기 시작했다고 한다.[30] 마지막으로 셋째, 현재 브뤼셀에는 위에서 본 과거의 웅장함이 없다. 지금의 브뤼셀은 브라질리아 같은 도시가 아니라는 말이다. 유럽연합의 권력이 브뤼셀의 외관에 두드러진 영향을 미치는 것은 사실이지만, 그 방식은 권력이 도시에서 재현되는 전통적인 방식과는 거리가 멀다. 브뤼셀에는 '내러티브'가 없다. 이제 서서히 연구자들이 지적하기 시작했듯, 브뤼셀에는 전통적인 권력의 상징이 거의 없으며, 이 상징의 부재는 브뤼셀이 놓쳐버린 기회다.[31] 렘 콜하스는 이를 존재론적인 '아이콘의 부재'라고 표현했다. 유럽연합이 지닌 권력의 성격과 작용에 대해 말해 주는 이 표현이 암시하는 것처럼, 유럽연합은 권력을 표현하지 않는 것이 아니다. 유럽연합은 권력을 표현하지 못하는 것이다.[32]

브뤼셀은 큰 도시가 아니다. 2017년 기준으로 인구가 120만 명에 불과하다.[33] 하지만 브뤼셀은 대단히 복잡한 도시다. 브뤼셀은 지방 자치체만 19개이고, 언어권도 프랑스 사용 지역과 네덜란드어 사용 지역 두 개로 나뉘어 있어, 행정과 정

사진 3.7

요서프 풀라르트가 1866년부터 1883년 사이에 건축한 브뤼셀 정의궁. 풀라르트가 정의궁을 지으며 해당 지역 주택 상당수를 철거한 데 분노한 브뤼셀 시민들은 한동안 '건축가'라는 말을 심한 욕설로 사용했다고 전해진다.(2015년 사진)

치가 복잡하게 얽혀 있다. 이런 사정 때문에 브뤼셀에서는 각각의 관료 한 사람에게 여러 정치적 역할과 권한이 중복되어 주어지는 문제가 발생한다. 벨기에 건축사 연구자 이자벨 두세가 비판하듯, 이는 브뤼셀의 의사결정 과정을 불투명하다못해 '카프카적'으로 만든다.[34] 브뤼셀에서 유럽연합의 주요 기구들이 모여 있는 곳은 흔히 유럽 지구European Quarter라는 비공식 명칭으로 불리는 지역이다. 이 지역은 '법의 길'이라는 뜻의 '뤼 드 라 루아Rue de la Loi' 길을 중심축으로 하며, 동쪽으로 생캉트네르 공원에서 끝난다. 이 공원에 있는 생캉트네르 개선문Arcade du Cinquantenaire(1905)의 웅장한 모습을 보면 제국의 도시였던 브뤼셀이 과거에는 권력을 어떻게 상상하고 표현했었는지를 짐작할 수 있다.

유럽 지구는 브뤼셀의 부동산 개발업자들이 유럽경제공동체와 유럽연합으로 인한 기회를 미리 예측하면서 다소 우연히 존재하게 된 측면이 있다.[35] 유럽 지구의 두 축을 이루는 건물은 유럽연합 집행위원회가 입주해 있는 베를레몽 빌딩Berlaymont Building(1969년 완공)과 베를레몽 빌딩에서 불과 백여 미터 떨어져 있는 유럽의회 의사당European Parliament Complex(1992년 1차 완공)이다. 이들은 모두 유럽에서 가장 거대한 규모의 건물에 해당한다. 바로 근처에는 유럽연합 정상회의와 유럽연합 이사회가 입주해 있는 유로파 빌딩Europa Building(2017 리노베이션 완료), 그리고 2017년까지 유럽연합 이사회 건물로 사용되었던 유스투스 립시우스 빌딩Justus Lipsius

Building이 있다. 이 외에도 뤼 드 라 르와 길을 따라 유럽연합 기구 건물들이 약 40개나 늘어 서 있다.

브뤼셀처럼 작은 도시에서 2만 제곱미터 넓이의 건물은 큰 건물에 속한다. 유럽 지구에 자리 잡고 있는 건물들의 규모는 다른 곳에 있는 건물들보다 열 배 이상 큰 규모를 자랑한다. 유스투스 립시우스 빌딩은 20만 제곱미터, 유럽의회 의사당은 무려 35만 제곱미터다. 유럽 지구의 건물들은 유럽에서 가장 많은 사무용 공간이 모여 있는 건물이기도 하다. 브뤼셀

사진 3.8

유럽연합 집행위원회가 입주해 있는 베를레몽 빌딩. 벨기에 건축가 루시앙 드 베스텔이 설계했다. 1963~1969년 지어졌고, 1995~2004년 리노베이션 공사를 거쳤다.
(사진 저작권: Andersen Pecorone, Wikimedia Commons)

부동산 시장은 유럽연합이라는 단 하나의 클라이언트에 의해 지배되고 있다고 해도 과언이 아니다. 브뤼셀의 가용한 사무용 공간 가운데 절반 이상을 유럽연합이 사용하고 있다. 그리고 이 같은 상황은 브뤼셀의 모습을 은밀히 바꿔왔다.[36] 2차 대전 직후만 하더라도 브뤼셀은 19세기에 지어진 7~8층짜리 중산층 주택이 거의 전부인, 인구 8만의 도시였다. 지금의 브뤼셀은 주거용 건물과 상업 공간은 거의 없고, 유럽연합의 사무실 건물이 압도하는 도시가 되었다. 이렇게 된 것은 한편으로는 브뤼셀 전체를 유럽연합의 사무용 도시로 만들고자 했던 유럽연합의 끊임없는 요구의 결과였다. 동시에 브뤼셀에서 가장 비싼 유럽 지구에 유럽연합의 사무용 건물을 계속해서 공급한 부동산 시장의 결과이기도 하다. 이 과정에서 건물의 외관이 정치 권력을 상징하도록 고려할 필요는 없었다. 유럽연합은 상징성이 중요한 조직이지만, 정작 그 유럽연합의 건물들에 상징성이 이렇게 결여되게 된 이유다.

유럽연합의 특징 가운데 하나는 모든 유럽연합 건물이 1년 내내 사용되는 것은 아니라는 점이다. 유럽의회의 또 다른 의사당인 프랑스 스트라스부르 의사당은 1년 중 며칠밖에 되지 않는 본회의 기간을 제외하면 1년 내내 비어 있다. 브뤼셀의 부동산 개발업자들은 유럽연합에서 스트라스부르보다 브뤼셀의 역할이 더 커질 것으로 보고 더 많은 대형 건물들을 지었다.[37] 개발자들의 예측은 맞았다. 유럽연합에서 브뤼셀 의사당의 역할은 더 커졌고, 이에 따라 사무용 공간도 더 많이 필

요해졌다. 이처럼 권력이 커진다는 것은 물리적인 공간도 계속 확장된다는 것을 의미한다.[38]

브뤼셀에 입주한 유럽연합 기관들의 규모와 복잡성이 커짐에 따라, 이례적으로 장기적인 건축 공사가 이루어지기도 했다. 유럽연합 집행위원회가 입주해 있는 베를레몽 빌딩은 위에서 내려 보았을 때 십자가처럼 보이고, 십자가의 가로와 세로가 교차하는 부분이 곡선으로 처리된, 브뤼셀에서 몇 안 되는 설계가 눈에 띄는 건물이다. 이 건물은 석면 문제로 위험 판정을 받아 리노베이션 공사를 위해 1991년부터 2004년까지 폐쇄되었다. 8억 유로가 소요된 이 리노베이션 공사로 베를레몽 빌딩은 13년 동안이나 사용되지 않는 공간으로 남아 있었다(베를레몽 빌딩은 원래 5년 만에 완공된 건물이었다).[39] 이처럼 권력의 작용은 점유되지 않는 상태의 공간을 생산하기도 한다. 브뤼셀에는 상징적인 건물이 거의 없다. 유럽연합은 이와 같은 비판에 대응해 유로파 빌딩을 준공했다. 브뤼셀에 새로운 이미지를 부여하려는 흔치 않은 시도였다. 벨기에 건축가 필립 사민이 설계한 유로파 빌딩은 가운데에는 랜턴 모양의 건물이 있고, 그 외부를 수많은 창문들이 뚫린 네모난 프레임으로 감싼 구조다. 프레임 바깥에서도 랜턴 모양의 내부 건물을 들여다볼 수 있다는 투명성의 수사를 사용한 건물이다. 하지만 이것은 말 그대로 수사에 불과하다. 프레임 바깥에서 랜턴 모양의 건물을 들여다볼 수는 있지만, 정작 그 랜턴 모양의 건물은 내부가 보이지 않는 불투명한 건물이기 때문이다.

유럽연합의 유로파 빌딩은 투명성을 약속하기만 할 뿐, 투명성을 실제로 제공하지는 않는다. 이렇듯 유럽 지구의 건물들은 (스코틀랜드 의회와 마찬가지로, 하지만 훨씬 더 큰 규모로) 불투명한 관료주의의 이미지를 무의식적으로 전달한다.

브뤼셀의 사례는 도시에서 권력은 많은 경우 공간의 점거라는 형태로 이루어진다는 것을 보여준다. 위원회실과 의회 회의실들은 진짜 권력이 무엇인지를 가리기 위해 마련된 구색에 불과하다. 얼마나 많은 권력이 그 사무 공간들에 놓여 있는지 구체적으로 확인하려면 브뤼셀의 사무실 시장을 보아야 한다. 동시에 점거는 권력에 책임을 추궁하는 수단으로도 사용될 수 있다. 2001년 자본주의에 반대하는 전 세계 시위대들이 집중했던 실천이 무엇이었던가? '오큐파이Occupy', 바로 점거였다. 시위대는 공간과 권력이 맺고 있는 관계를 어느 주요 정치인보다 잘 이해하고 있었고, 그렇기 때문에 월가에서, 뉴욕에서, 런던에서 점거를 실천하며 비록 짧은 기간 동안이나마 대안적인 정치의 장을 열 수 있었다. 이들이 거둔 성과가 어떠하든 간에 이 운동은 도시 공간에서의 권력의 작동은 조건적이라는 사실을 일깨워 주었다. 도시에서 권력이 작동하기 위해서는, 권력의 행사자가 그 공간을 점유하고 사용해도 된다는 시민의 합의가 있어야 한다. 시민의 합의를 얻을 수 없을 때, 권력의 행위자는 시민들을 강제로 복종하게 만드는 방법을 사용한다. 세계도시들은 시민들을 강제로 복종하게 만듦으로써 공간을 차지하고 권력을 행사한 역사를 지니고 있다. 브뤼셀은 지난 40년 동안 (상대적으로 온건한 방식을 통해서이긴 했지만) 많은 시민들을 다른 공간으로 이동시키며 유럽 지구의 공간을 점유해왔다.

하지만 도시에서 권력이 언제나 일방적으로 행사될 수 있는 것은 아니다. 월가 점령 시위가 보여준 것처럼, 권력의 행사는 언젠가는 저항에 부딪힌다. 세계도시의 권력의 공간들은 많은 경우 저항 공간의 역할을 수행하기도 한다. 런던의 트래펄가 광장, 브라질리아의 삼권광장, 워싱턴의 내셔널몰 등은 모두 강력한 권력을 상징하는 공간이지만 동시에 저항이 표출되는 공간이기도 하다. 최근에는 저항을 표현하는 건축물들에 대한 연구도 늘어나고 있다.[40] 하지만 브뤼셀처럼 권력을 하나의 상징적인 이미지로 드러내는 대신 불투명하게 감추는 경우도 있다. 브뤼셀에서 권력은 실재하지만, 도시의 건축물들은 그 실재하는 권력을 잘 보이지 않게 한다. 권력이라는 프로세스는 이 책에서 다루는 그 어느 프로세스보다 도시에 형태를 부여하는 능력이 크지만, 그 프로세스의 행위는 여러 명의 행위이기도 하고, 잘 보이지 않게 되기도 한다. 브뤼셀은 권력이 하나의 이미지나 장소로 상징되지 않고 불투명하게 보일 수도 있음을 보여주는 사례다. 브뤼셀에 권력은 실재하지만, 브뤼셀의 건물들은 권력에 대한 관심을 다른 것으로 돌리게 한다. 정치적 권력의 행사는 이 책이 다루고 있는 그 어느 프로세스보다 도시의 형태에 철저히 영향을 미치는 프로세스이지만, 그 프로세스는 다양한 행위자에 의해 모호하게 진행된다.

4장

성적 욕망

벌거벗은 채 유예되는

1990년대를 풍미한 시트콤 〈사인펠드〉의 한 에피소드. 네 주인공 코스모, 조지, 일레인, 제리는 누가 더 자위행위를 오래 하지 않고 참을 수 있는지 내기를 한다. 이들은 모두 불리한 점을 하나씩 가지고 있다. 코스모에게는 자신의 집 창문에서 맞은편 아파트에 사는 여성들을 몰래 보는 기벽이 있다. 조지는 어머니를 간병하는 풍만한 간호사를 좋아한다. 넷 중 유일한 여성인 일레인은 자신이 다니는 헬스클럽에 존 에프 케네디 주니어가 다니기 시작하자 마음이 들떠 어쩔 줄 모른다. 제리는 순결을 원하는 여자친구 때문에 불만에 싸여 있다. 이들은 내기에서 지지 않으려고 안간힘을 쓰지만, 결국 한 명씩 포기한다. 내가 이 드라마의 전문가는 아니지만, 적어도 이 에피소드를 백 번 넘게 본 사람으로서 말하자면 나는 이 에피소드가 섹스가 하나의 프로세스라는 것을, 구체적으로 말해 앞서 살펴본 자본의 순환이나 정치적 권력과 마찬가지로 섹스 역시 도시의 외관을 결정하는 프로세스라는 것을 잘 보여주고 있다고 생각한다.

좀 더 자세히 살펴보자. 이 에피소드의 설정 하나하나는 그 공간적 배경인 뉴욕에 대해 무엇인가를 말해준다. 코스모는 맞은편 아파트에 사는 여성들을 훔쳐본다. 이 설정은 세계도시에서 고층의 주거용 건물들이 매우 밀접하게 붙어 있는 환경을 반영한다. 일레인은 존 에프 케네디 주니어와 밀고 당기기를 하며 끊임없이 맨해튼의 거리를 오간다. 이때 도시는 프로이트적인 의미에서 성적 교환의 장이자, 성적 불만의 장으로 상상된다. 성적 욕망을 가능하게 하는 것도 도시이지만, 연애를 둘러싼 복잡하기 짝이 없는 사회적 관습으로 그 성적 욕망을 좌절시키는 것도 도시다. 이 시트콤 속 도시는 또한 젠더화된 공간이기도 하다. 물론 극 중 여러 군데서 남성과 여성의 성역할을 풍자하고, 코믹한 효과를 위해 조지와 제리 사이의 동성성애를 암시하기도 하지만 그런 순간을 제외하면 이 시트콤은 도시를 규범적인 성적 관계와 정체성의 공간, 어떤 곳이 남성의 공간이고, 어떤 곳이 여성의 공간인지가 분명한 공간으로 상상한다. 이런 점에서 〈사인펠드〉는 젠더화된 세계도시를 재현하는 작품이기도 하지만, 동시에 젠더화된 세계도시를 생산하는 작품이기도 하다.

〈사인펠드〉는 큰 인기를 끈 주류 대중문화에 속하지만, 이 시트콤은 의외로 많은 부분에서 프로이트 이론에 기대고 있다. 프로이트는 도시를 직접적으로 다루지는 않았다. 특정한 도시를 구체적으로 언급한 것은 『문명 속의 불만』(1930)에서 '영원의 도시' 로마를 인간의 정신에 비유하는 정도가 전부다.[1] 하지만 프로이트는 도시가 그곳에 사는 이들의 성적인 삶을 규제한다는 것을 이해하고 있었다. 프로이트는 허용될 수 있는 것과 그렇지 않은 것, 성적 쾌락이 있어도 되는 곳과 그렇지 않은 곳을 정하는 것이 도시라는 것을 이해하고 있었다. 자신이 살고 있는 도시 빈에 대한 프로이트의 이해는 『문명 속의 불만』은 물론 이보다 훨씬 전에 쓴 글인 「문명화된 성도덕과 현대인의 신경병」(1908)의 중요한 서브텍스트를 이룬다.[2] 프로이트는 '문명'이 본질적으로 도시 생활과 긴밀한 관계에 있으며, 근대를 경험하는 것이 실은 근대 도시를 경험하는 것과 다르지 않다고 보았다. 프로이트는 『문명 속의 불만』에서 "도시 생활은 갈수록 복잡해지고 쉼도 없어진다"고 쓰며 다음과 같이 지적한다.

> 모든 것이 서두름과 흥분 상태다. … 지친 신경은 회복을 위해 더 큰 자극과 쾌락을 추구하다가 이전보다 더 지쳐버린다. … 시끄럽고 강렬한 음악의 홍수에 우리의 귀는 흥분하고 자극받는다. … 모든 사람이 바삐 서두르고 있으며, 흥분과 불안에 사로잡혀 있다. … 정치적, 종교적, 사회적 투쟁, 정당정치, 선거운동, 강화된 노동조합에 사람들은 흥분하고, 정신적 부담을 받으며, 오락과 수면과 휴식에 써야 할 시간을 빼앗긴다.[3]

프로이트는 도시가 전례 없는 수준으로 사람들의 주의를 빼앗으며 그에 따른 특정한 정신적 태도를 만들어낸다고 보았다. 프로이트가 도시를 이렇게 이해하기 몇 년 앞서 게오르크 지멜은 「대도시와 정신적 삶」(1903)에서 도시가 (오늘날의 '쿨'에 해당하는) 감정적인 거리두기 상태, 즉 '블라제blasé'라는 상태를 생산한다고 쓴 바 있다.[4] 하지만 프로이트가 생각한 도시가 만드는 정신적 태도는 달랐다. 프로이트는 현대 도시의 산만함이 도시인들을 무관심하게 만드는 것이 아니라 미치게 만든다고 보았다. 구체적으로 말하자면, 프로이트는 현대 도시를 사람들이 성적 에너지를 자본의 생산에 쏟아붓게 만드는 기계로 보았다. 프로이트에게 현대 도시, 더 확장하여 현대 문명은 성적 억압의 결과다. 성적 쾌락을 향유하고자 하는 욕망이 자연스러운 것인 만큼, 그 욕망이 억압될 때 사람은 신경증적이 된다. 하지만 이때 '현실 원칙'이 개입한다. 사용할 수 있는 에너지가 한정되어 있기 때문이다. "남성은 자신의 임무를 수행하기 위해 자신의 리비도를 적절히 분배해야 한다. 남성이 문화적 목적에 사용하는 리비도는 대부분 여성과 성생활에 쏟아야 할 리비도에서 가지고 온 것이다." 프로이트는 이 과정을 '승화'라고 부른다. 원래 승화는 화학 용어로 고체가 기체로 변하는 현상을 말한다. 프로이트는 이 용어를 본능에 따른 욕구를 문화를 비롯해 사회적 가치가 있는 것으로 바꾸는 일을 지칭하는 데 사용한다. 이때 도시는 문화를 가능하게 하는 기계로 상상된다. 프로이트는, 문화를 생산하는 과정은 필연적으로 신경증적 인간을 생산하지만 문화가 존재하기 위해서는 이런 대가는 감수해야 한다고 보았다. "본능의 승화는 문명 발전이 지닌 두드러진 특징이다. 승화는 상위의 정신 활동, 이를테면 과학적이거나 예술적이거나 이념적인 정신 활동이 문명화된 사회에서 중요한 역할을 맡을 수 있게 해준다."[5]

이처럼 프로이트는 성이 도시를 형성하는 결정적인 프로세스 가운데 하나일 수 있음을 훌륭하게 정식화한다. 물론 프로이트가 무조건 옳다고 할 수는 없다. 프로이트가 도시 그리고 문명을 사회적, 종교적 관습에 의해 리비도가 공적으로 통제되는 공간으로 상상하는 것은 옳다고 해도, 그가 상상하는 도시는 부분적이고 특권화된 도시이기 때문이다. 이런 한계에도 프로이트는 성이 점잖은 이들 사이에서는 언급되어서는 안 되는 것이었던 시기에 도시를 성이라는 측면에서 사고할 수 있게 해주는 새로운 언어를 제공했다. 도시와 문명에 대한 프로이트의 작업이 지닌 특징 하나는 그가 도시를 젠더화된 공간으로 보고 있다는 점이다. 프로이트의 도시는 본질적으로 여성이 부재하는 남성의 공간, 여성에게 적대적인 공간이다. 프로이트는 자신이 속해 있던 빈의 엄격하고 부르주아적인 사회를 보면서 이런 관점을 갖게 되었을 것이다. 19세기에는 빈만이 아니라 다른 유럽 대도시들도 다르지 않았다. 19세기 유럽 대도시의 이런 성적으로 분리된 측면은 미술사가들의 중요한 연구 대상이기도 하다. 미술사가 T. J. 클라크는 19세기 파리를 그린 에두아르 마네의 작품 속에서, 남성은 주체로, 여성은 대상으로 재현되고 있음을 지적했다. 마네는 〈올랭피아〉에서 당시로서는 드물게 여성 성노동자의 모습을, 그것도 시선을 회피하지 않고 관람자가 있는 정면을 똑바로 쳐다보고 있는 모습으로 그려 당대 미술계에 충격을 안겼다. 마네의 또 다른 그림 〈폴리 베르제르의 술집〉에서는 술집의 바 안에 서서 멍한 눈으로 정면을 바라보고 있는 여급의 모습을 그렸다. 그의 뒤에 놓인 대형 거울에 비친 모습으로 보아, 그녀는 바 바깥에 서 있는 모자 쓴 남자를 보고 있는 것처럼 보이지만 정말 그런지는 알 수 없다. 클라크는 이 여성은 술과 함께 자신의 몸도 상품으로 판매하는 존재라고 지적한다.[6] 이렇든 19세기 파리는 성역할이 분리되어 있고, 남성과 여성의 행위성과 권력이 정확히 결정되어 있는 도시, 남성들은 성적 욕망의 주체가 되고, 여성들은 성적 대상이 되는 도시였다. 성적 대상이 아닌 여성은 재현되는 일조차 드물었다. 이와 관련하여 페미니스트 미술사학자 그리젤다 폴록은 19세기 회화에서 여성은 주로 성적 대상으로 그려지지 않는 예외적인 경우에는 반드시 공적 공간이 아닌 집이라는 사적 공간, 그것도 남성들은 보이지 않는 공간에 있는 것으로 그려진다고 지적한다.[7] 19세기 파리는 남성과 여성에게 전혀 다른 공간이었다. 그곳은 성적 쾌락의 공간이었지만, 그 쾌락은 남성들만의 것이었다.

여기서 주목해야 하는 것은 성이 도시의 모습에 영향을 미친다는 점이다. 19세기 파리를 다룬 연구들이 항상 언급하는 것이 있다. 파리의 넓은 거리에서 성매매가 많이 이루어졌다는 점이다. 거리에는 호객 행위를 하는 여성들이 많았고, 남성들은 카페 테라스에 앉아 그 여성들을 마치 쇼윈도 구경하듯이 느긋하게 구경했다고 한다. 벤야민도 비슷한 이야기를 한다. 그는 당시의 아케이드를 지금의 쇼핑몰의 원형에 해당하는 것처럼 기술하지만, 또한 여성들이 남성들을 상대로 호객 행위를 하는 곳이었다고도 기술한다.[8] 하지만 도시의 성적 구분은 미국 연구자들의 작업에서는 다른 양상으로 나타난다. 미국의 페미니스트 사회심리학자 베티 프리단은 『여성성의 신화』에서 2차대전 이후, 도시는 남성들의 노동이 중심이 되는 공간으로, 교외는 여성들의 살림이 중심이 되는 공간으로 분화했다고 지적한다. 프리단은 특히 교외를 풍요롭지만, 여성들이 남성이 없는 낮 시간 동안 온순한 주부로만 지내야 하는 황폐한 공간으로 본다.[9] 미국 교외에 비판적이었던 것은 프리단과 같은 시대를 살았던 도시연구자 제인 제이콥스도 마찬가지였다. 『미국 대도시의 죽음과 삶』에서 도시에서 일어나는 활동을 '한밤중의 발레night ballet'라고 부르며 긍정적으로 본 제이콥스에게 도시에 사는 사람들은 도시의 유혹을 성숙하게 받아들이고 협상할 줄 아는 이들이지만 교외에 사는 사람들은 도시의 유혹을 받아들이지 못하는 성적으로 불안정한 이들이었다.[10] 프리단과 제이콥스는 모두 미국의 교외를 자연스럽지 못한 부정적인 공간으로 평가했다. 반면, 도시는 여성들도 (마치 두 저자 자신들처럼) 적극적으로 목소리를 내고 행동할 수 있는 긍정적인 공간으로 보았다. 도시에 대한 이런 평가는 여러 문화 생산품에도 영향을 미쳤다. 교외가 여성을 소외시키는 문제적인 공간으로 그려지는 영화들이 있다. 영화 〈스텝포드 와이프〉에서 교외 마을인 스텝포드는 여성을 소외시키는 기괴한 공간으로 그려진다. 영화에 등장하는 아내들은 모두 이상하리만큼 순종적이다. 결말은 충격적이다. 아내들은 모두 남자들의 구미에 맞게 개조된 로봇으로 밝혀진다.[11]

프로이트에서 〈스텝포드 와이프〉에 이르기까지, 성에 의해 공간적으로 분리된 도시의 모습은 익숙하다. 이들 대중문화에서 묘사된 도시는 남성과 여성이 각자의 성 역할을 부여받은 채 그에 따라 구획된 서로 다른 공간을 살아가는 곳이다. 그동안 대중문화, 특히 영화는 도시를 이렇게 젠더화된 공간으로 그려왔다. 하지만 성에 관한 이론들은 1970년대 이후 혁명적인 변화를 겪는데, 이는 도시와 관련하여서도 매우 중요하다. 미셸 푸코의 『성의 역사』 3부작은 고대 그리스 사회를 탐색하며, 당시에는 남성 동성애가 오늘날처럼 비규범적인 실천이 아니었고, 공적이고 정치적인 삶과도 불가분의 관계에 있었음을 주장한다.[12] 푸코는 성의 다형성에 주목했다. 성의 형식은 문화에 따라 달라지기 때문에, 성이 어떤 형식도 취할 수 있다는 것이다. 푸코는 생물학의 표현적 형식은 문화에 따라 달라지며, 이때 생물학과 문화의 관계는 기본적으로 임의적이라고 주장한다. 주디스 버틀러는 영향력 있는 저서 『젠더 트러블』에서 젠더는 수행performance되는 것이라고 주장한다.[13] 푸코와 마찬가지로 버틀러는 젠더를 복잡하고, 다차원적인 것, 문화에 의해 결정되는 것으로 보았다. 이런 관점은 그

사진 4.1

앨빈 발트롭의 〈무제〉(1975년경). 뉴욕 52번 부두의 모습이 보인다. 같은 시기 고든 마타클라크도 이곳을 배경으로 〈하루의 끝〉을 찍었다.
(사진 저작권: 2018 Museum of Modern Art, New York/Scala, Florence)

이전까지의 이론가들이 주장하던 성에 관한 이분법적인 가정과 급진적으로 다른 것이었다. 버틀러 이후, 도시는 일방적으로 남성적인 공간이나 여성적인 공간으로 규정되지 않는다. 리처드 세넷은 『살과 돌: 서양 문명에서의 육체와 도시』에서 성적으로 다형적인 도시들이 실재했음을 살핀다. 세넷은 고대 아테네에서 19세기 런던을 거쳐 현대 뉴욕에 이르는 도시들을 살피며 역사에 존재했던 성적 다양성과 관용의 서사를 기술한다.[14] 이제 성적 다양성은 자신의 도시를 세계도시로 만들고자 하는 이들이 품는 정치적 환상이 되었다. 푸코에서 버틀러를 거쳐 세넷에 이르기까지 소수의 연구자들이 다루던 성적 다양성은 이제는 주류 도시 계획가들의 중심적 담론이 되었다.[15]

남성 동성애자들이 사랑을 나눈 공간들

그럼 지금까지 살펴본 성에 대한 개념들은 실제 도시들에서 어떻게 펼쳐지고 있을까? 또 성에 대한 욕망과 좌절은 실제 도시들에서 어떻게 시각화되어 왔을까? (또는 시각화되기는 한 것일까?) 이 질문들을 생각하기에 가장 적합한 곳은 과거 매우 주변적이었고, 위험했으며, 사람들이 거의 발길하지 않았던 곳이다. 그곳은 바로 뉴욕 허드슨강 동쪽의 부둣가다. 첼시와 웨스트 빌리지 사이에 있는 이 부둣가는 지금은 버려진 곳과 거리가 멀다. 2015년 스타 건축가 렌초 피아노가 설계한 새로운 휘트니 미술관Whitney Museum of American Art이 이곳에 들어서면서 뉴욕 미술계의 중심, 아니 세계 미술계의 중심이 되었기 때문이다(렌초 피아노와 휘트니 미술관에 대해서는 7장에서 다시 다룬다). 하지만 1970년대 이 지역의 성격은 지금과 전혀 달랐다. 당시 이곳은 남성 동성애자들이 익명의 성적 파트너를 찾는 곳이었다. 특별한 점이 있다면, 당시를 회고하는 많은 이들이 그곳에서 만난 사람들과의 관계보다 그곳의 건축적 환경에 더 애정을 보이는 것처럼 느껴진다는 점이다. 이런 공간들은 지금도 종종 건축계의 큰 관심의 대상이 된다. 이를테면, 2018년 베네치아 비엔날레 건축전은 국제적인 팀이 디자인한 인터랙티브 전시 〈크루징 파빌리온〉 특별전을 마련하기도 했다.[16]

첼시가 처음부터 동성애자들이 모이는 곳이었던 것은 아니다. 첼시 부두는 원래 뉴욕 해상운송의 중심지였지만, 1960년대 해상운송이 쇠퇴하면서 부둣가의 커다란 창고들은 쓸모를 잃고 방치되기 시작했고, 1970년대 중반에 이르렀을 때는

사진 4.2

2018년 베네치아 비엔날레 건축전의 〈크루징 파빌리온〉 특별전.
(사진 저작권: Louis de Belle)

사람들이 찾지 않는 사실상 버려진 공간이 되었다. 차로도 접근하기 힘들었고, 경찰도 잘 오지 않는, (그곳을 자주 찾던 동성애자의 표현에 따르면) 문명 세계로부터 단절된 곳이 된 것이다. 하지만 거리 상으로는 여전히 맨해튼에서 도보로도 갈 수 있는 곳이었기에, 뉴욕의 남성 동성애자들은 이곳을 자신들의 크루징 장소로 삼았다.[17] 이곳이 남성 동성애자들의 크루징 장소로서 이용된 역사는 상대적으로 잘 알려져 있다. 여러 예술가들이 이곳이 크루징 장소로 사용되던 때의 모습을 사진으로 상당히 잘 기록해 놓았기 때문이다. 성적 공간으로서의 뉴욕 부둣가는 실제 방문하고 이용한 사람이 많지 않은 곳임에도 (미트패킹 디스트릭트에 있던 게이 클럽 마인섀트프Mineshaft와 마찬가지로) 사람들의 상상력 속에서 신화적인 지위를 획득했다.[18]

1970년대의 뉴욕 부둣가에 대한 가장 잘 알려진 이미지는 예술가 고든 마타클라크의 작품일 것이다. 마타클라크는 이성애자 남성이었지만, 1971년부터 1973년까지 52번 부두 창고에서 장소 특정적 미술 작업을 했다. 그는 창고의 마루, 벽, 천장에 커다란 기하학적 구멍을 낸 후, 그 사이로 들어온 빛의 모양을 활용해 텅 비어 있는 어두운 창고에 성당과 같은 분위기를 부여했다. 1975년, 그는 이 작업에 〈하루의 끝〉이라는 이름으로 붙이고 사람들을 초청해 전시회를 열었다. 마타클라크는 자신의 작업을 오랫동안 사람들에게 보여주고 싶어 했지만, 마타클라크가 창고를 무단으로 사용하고 훼손했다고 본 경찰이 창고 출입을 금지하는 바람에 마타클라크의 꿈은 이루어지지 않았다. 하지만 숭고함을 불러일으키는 이 사진들이 알려지면서 부둣가와 그곳에 있던 창고들은 미술계의 주목을 받게 되었고, 마타클라크의 이미지들은 우리가 지금 산업적 공간을 보는 방식을 예고하게 되었다. 1975년 무렵은 건축물이 성적인 목적으로 이용되는 상황을 공개적으로 이야기하기 어려운 때였지만, 건축이론의 한편에서는 '버려진 건물의 성애학'이라고 부를 만한 건축 담론이 등장한 때이기도 했다. 프랑스의 건축가이자 건축 이론가 베르나르 추미는 푸아시에 위치한 르코르뷔지에의 빌라 사부아Villa Savoye를 다루면서, 파손된 채 거의 버려지다시피 한 상태에서 낡아가는 빌라 사부아에 성애적인 측면이 존재한다고 논했다. 추미는 점점 더러워지고 오염되는 빌라 사부아가 섹스에 의해 변화하는 인간의 육체와 유사점을 지닌다고 주장하며, 이런 특징이야말로 건축의 위반을 성취한다고 썼다.[19]

물론 당시 이런 작업이나 담론은 중요하게 여겨지지 않았다. 예술가들이 뉴욕 부둣가의 창고에서 무슨 작업을 하건, 프랑스 건축 이론가가 무슨 말을 하건, 이를 중요하게 받아들이는 사람은 거의 없었다. 그럼에도 이와 관계없이 당시의 뉴욕 부둣가, 특히 동성애자 거리인 웨스트 빌리지 크리스토퍼 거리 서쪽의 웨스트사이드 고속도로 주변에는 남성 동성애자의 크루징 문화가 잘 발달했다. 부둣가는 남성 동성애자들이 자신들만의 시간을 보낼 수 있는 곳이었지만, 동시에 사회적 위험과 건축적 위험이 존재하는 곳이기도 했다. 사회적 위험은 간혹 이곳을 단속하는 경찰의 괴롭힘이다. 부둣가는 법이 허용하는 범위를 벗어나는 행위들이 일어날 수 있었던 이유 중 하나는 그 행위들이 그곳에서만 제한적이고 일시적으로 일어나는 행위라는 암묵적인 묵인이 있었기 때문이다 예술계의 소문에 따르면, 부둣가에는 자신의 성 정체성을 이미 긍정한 이들뿐 아니라, 그곳에서 일시적으로만 동성애자로 정체화하고자 하는 이들도 모였다고 한다. 이성애자로 여겨지고 스스로도 자신을 이성애자라고 생각했을 남성 예술가들이 부둣가를 찾아 다른 남성과 성관계를 맺는 일도 드물지 않았다는 것이다.[20] 건축적 위험은 마타클라크의 사진에도 잘 드러나 있는데 그것은 무너져가는 창고에서 떨어져 부상당할 위험이었다. 이 세계를 사진에 담은 작가는 마타클라크 외에도 앨빈 발트롭, 레너드 핑크, 피터 휴자르, 데이비드 보이나로비츠 등이 있다. 이들은 대부분 생전에는 별 주목을 받지 못하다가, 사후에야 미술계의 주목을 받았다. 발트롭의 작품도 그가 사망한 이후인 2015년 뉴욕 현대미술관이 운영하는 모마 PS 1에 전시되었다. 그는 세계에서 가장 많이 사진에 담기는 도시 뉴욕의 주변부인 뉴욕 부둣가를 다른 이들의 사진과는 급진적으로 다른 방식으로 찍었다. 그의 사진 속 뉴욕은 공식적인 세계가 무너진 이후의 버려진 공간, SF 영화를 떠올리게 하는 아포칼립스적인 도시 공간이다. 발트롭은 뉴욕 부둣가의 버려진 빈터에서 반쯤 벗은 채 일광욕을 하거나 서로 성적 행위를 하고 있는 근육질 남성들의 모습을 주로 찍었다. 그가 찍은 유명한 사진 하나는 뉴욕 부둣가에 버려져 있는 창고 안에서 찍은 작품이다. 건물은 콘크리트로 지어져 있고, 벽에는 커다란 창문이 세 개 있다. 창으로 비치는 환한 햇빛은 버려진 창고의 황폐한 내부를 부드럽게 보이도록 하고, 창밖에 보이는 잔잔한 허드슨강의 모습은 이곳을 고작 몇백 미터 떨어져 있는 월가와는 다른 평화롭고도 전원적인 공간으로 만든다. 이런 창고 한가운데는 두 남자가 있다. 한 남자가 무릎을 꿇고 앉아, 자신의 앞에 서 있는 남자의 다리 사이에 얼굴을 파묻고 있다. 또 다른 사진에서는 버려진 창고에 공사용 철제 빔들이 아무렇게나 얽혀 쓰러져 있다. 이 빔들 사이를 잘 보면 역시 가운데에 한 남자가 보인다. 또렷이 보이지는 않지만 누군가와 성적인 행위를 하고 있다는 것은 분명하다.

이런 활동에 관여한 이들은 전체적으로 보면 소수에 불과했고, 이는 그런 공간들에 있을 수 있는 여러 위험을 생각해보면 어느 정도 당연한 일이었다. 하지만 돌이켜 생각해보면 당시의 버려진 부둣가는 성과 관련한 이론들을 출현할 수 있게 해준 일종의 연구소 같은 역할을 수행한 것이었다. 성에 관한 새로운 이론들을 제시한 이들 가운데 일부는(이를테면 푸코와 같은 이들은) 실제로 성적 공간에 직접 참여하며 성의 윤리뿐 아니라 성적 실천들의 경계를 직접 탐구했다.[21] 권위의 시선이 미치지 않는 바로 이 주변적 도시 공간에 현대적인 성 이론들의 다형적 조건이 실제로 펼쳐져 있었던 것이다.

1970년대 뉴욕 부둣가에서 무슨 일이 벌어졌든, 그리고 그곳에서 어떤 이들이 어떤 행동을 했든, 우리는 뉴욕 부둣가가 도시에서 일어나는 프로세스의 한 원형이 되었다는 것을 안다. 20세기 후반부터 세계도시에서 진행된 가장 가시적인 도시 프로세스 하나는 도시가 성소수자 친화적인 구역을 지원하기 시작했을 뿐 아니라, 그런 구역들을 그 도시가 지닌 세계성의 지표로 내세우기 시작했다는 점이다. 이런 프로세스에 이론적 토대를 제공한 사람은 사회학자이자 도시 컨설턴트인 리처드 플로리다다. 그는 베스트셀러 『창조계급의 부상』에서 가장 성공한 세계도시들은 모두 성적 다양성에 대한 관용도가 높은 도시들이라고 주장했다.[22] 플로리다는 사회학자 게리 게이츠와 함께 미국 첨단기술 산업도시들의 게이 지수Gay Index를 살펴보았다. 그 결과 게이들이 많이 사는 도시일수록, 첨단기술 산업이 발달했다는 사실을 발견했다. 첨단기술 산업이 발달한 상위 10개 도시 중 4개 도시는 게이 지수에서도 미국 최상위급으로 나타났다. 샌프란시스코는 첨단기술 산업이 세계에서 가장 발달한 도시이기도 하지만, 동시에 성소수자 커뮤니티와 성소수자 인권운동이 세계에서 가장 발달한 도시이기도 하다.[23]

많은 이들이 플로리다의 발견을 잘못 해석한다. 플로리다의 주장은 한 도시의 동성애자 인구를 그 도시의 첨단산업이 발달한 정도를 가늠하는 척도로 삼을 수 있다는 이야기였지만, 많은 이들은 플로리다가 동성애자 인구가 첨단산업 발달의 원인이라고 말했다고 생각했다.[24] 이런 잘못된 해석은 곧 널리 퍼졌다. 플로리다는 성적 다양성을 한 도시의 세계성을 측정하는 척도라고 말한 것이었지만, 전 세계의 도시 관리자들은 플로리다가 성적 다양성을 그 직접적인 원인이라고 말했다고 받아들였다. 야심찬 정치인들이 갑작스럽게 성소수자 친화적인 구역을 지원하고, 성소수자 행사를 후원하며, 성소수자들을 대상으로 하는 핑크 머니 경제에 관심을 갖기 시작했다.

전 세계에서 가장 잘 알려진 성소수자 구역은 샌프란시스코의 카스트로다. 카스트로는 이 지역의 랜드마크인 카스트로 극장을 중심으로 하는 1제곱킬로미터 넓이의 상점 및 식당가를 일컫는다. 위치는 샌프란시스코의 상업 중심 지구에서 3킬로미터 정도 떨어져 있다. 카스트로 구역에는 특별히 눈에 띄는 기념비적 건축물은 없지만, 후기 빅토리아 양식으로 지어진 중산층 주택들이 있고, 전통적인 도로 계획이 있으며, 카스트로 구역과 샌프란시스코 금융 지구를 연결하는 마켓 스트리트 전차 시스템이 있다(이 전차 시스템은 1940년대에 달리던 전차의 디자인을 그대로 사용하고 있어 보는 이의 눈을 즐겁게 한다). 성소수자 구역으로서의 카스트로는 몇 가지 특징을 지닌다. 첫째, 카스트로는 기존 지역을 완전히 새로운 곳으로 변화시킨 곳이 아니라 기존 지역을 전유하는 곳이다. 둘째, 이런 전유의 기호들은 시각적이고 경쾌하다. 카스트로 어디에서나 볼 수 있는 무지개 깃발처럼 말이다. 셋째, 다른 도시들과는 달리 스타일과 세부에 섬세하게 신경 쓴다. 카스트로를 달리는 전차의 디자인과 색깔은 1960년대 이전의 할리우드 시대를 달리던 전차를 연상시킨다. 건축에서는 개방성과 투명성의 건축적 수사가 돋보인다. 1972년 문을 연 이래 지금도 운영 중인 게이 바 트윈픽스 태번Twin Peaks Tavern은 벽면에 커다란 통유리를 내어 밖에서도 안을 훤히 들여다볼 수 있게 했다. 그 시절에 통유리를 단 것도 파격적이었지만, 다른 곳도 아닌 게이 바를 외부에서 보이게 한 것도 놀라운 일이었다. 당시 카스트로의 게이들은 상대적으로 연령대가 높은 손님들이 많았던 이 바를 애정어린 표현으로 '유리 관짝'이라고 부르기도 했다. 샌

사진 4.3

맨체스터 게이 빌리지에 있는 표지판. 이곳에서 '커낼 거리Canal Street'의 'C'는 오래 살아남지 못한다.(2018년 사진)

프란시스코시는 2013년 이 바를 샌프란시스코시 역사기념 건물로 지정했는데, 건물이 지니고 있는 개방성과 투명성의 건축적 수사가 그 중요한 지정 사유였다.[25]

샌프란시스코는 명백한 세계도시다. 반면 맨체스터는 그렇지 않다. 맨체스터에 있는 '게이 빌리지Gay Village'는 한 도시가 성적소수자들의 공동체를 지원함으로써 세계도시로서의 위상을 획득하고자 하는 사례, 맨체스터의 경우에 한정해 더 정확히 말하자면 지난 세기 초반에 세계도시였던 맨체스터가 한 세기 동안 상실했던 그 위상을 다시 획득하려는 사례다. 게이 빌리지('게이 빌리지'는 지도에도 표시되는 공식 명칭이다)는 맨체스터 도심에 있는 약 0.5 제곱킬로미터 넓이의 구역이다. 동쪽의 휘트워스 거리, 서쪽의 포틀랜드 거리, 북쪽의 맨체스터시 경찰 법원 사이에 있으며, 로치데일 운하가 그 한가운데를 지난다. 게이 빌리지에는 매우 다양한 건축 양식이 혼재한다. 빅토리아 시대에 세워진 대형 물류창고들과 19세기 양식의 주택들이 보인다. 게이 바, 공원, 거대한 주차 시설도 뒤섞여 있다. 2차대전의 공습으로 생긴 넓은 공터 부지도 두 개나 있다. 게이 빌리지의 서쪽 경계는 포틀랜드 거리에 서 있는 (어떤 의미에서도 게이 빌리지에 속한다고 보기는 어려운) 고층 모더니즘 건물이다. 게이 빌리지 북쪽에 빅토리아 시대의 고딕 양식으로 지어진 거대한 맨체스터시 경찰 법원이 있고, 동쪽에는 뉴욕 로어맨해튼에 있을 법한 대형 규모의 창고 건물들이 새크빌 스트리트에 늘어서 있다. 게이 빌리지의 중심은 커넬 거리로, 게이 빌리지의 모든 활동은 커낼 거리를 중심으로 이루어진다. 맨체스터시가 게이 빌리지의 홍보에 적극적이라는 것은 맨체스터시의 공식관광정보사이트 VisitManchester.com이 관광객들에게 "게이 빌리지의 독특하고 고유한 분위기를 만끽하세요"라며 적극적으로 독려하고 있는 것만 봐도 쉽게 느낄 수 있다. 게이 빌리지의 분위기는 친밀하고 활기차다. 곳곳에 성소수자의 상징인 무지개 깃발이 걸려 있고, 화려하게 한껏 차려 입은 사람도 많아, 거리의 색깔부터가 다채롭다. 한마디로 축제, 그것도 영원히 계속되는 축제의 분위기다. 게이 빌리지는 맨체스터시의 적극적인 지원을 받게 된 이후에도 그 전과 외관이 크게 변하지 않았다는 점에서 건축적으로 특기할 만하다. 2000년대와 2010년대에 두 번에 걸쳐 있었던 맨체스터시의 건설 붐에도 게이 빌리지에서는 별다른 대규모 공사가 이루어지지 않았다. 유명한 게이 바 맨투Manto가 있던 건물이 네오모더니즘 양식의 온 바On Bar로 바뀐 정도의 소소한 변화가 있었을 뿐이다. 대신 게이 바와 클럽들의 내부는 화려하고 고급스럽게 바뀌었다. 바 바이어포사Via Fossa의 고풍스러운 고딕 양식의 인테리어, 바 벨벳Velvet의 놀랄 정도로 호사스러운 화장실, 온 바의 댄스플로어 모두 큰 볼거리다. 이 화려하고도 고급스러운 게이 바와 클럽들은 남성 동성애자들이 주인공으로 나오는 기념비적인 영국 드라마 〈퀴어 애즈 포크〉의 화려한 무대가 되어 영국 전역에 모습을 과시하기도 했다.[26] 요컨대 게이 빌리지는 혁신적인 도시로 도약하고자 하는 맨체

스터가 원하는 도시의 표면을 정확히 구현하고 있는 곳이다.[27]

맨체스터는 샌프란시스코를 뒤따르고 있다. 두 도시는 성소수자를 포용하는 구역에서 자신들이 세계에 보여주고 싶은 이미지를 찾고자 하는 세계도시들의 추세를 잘 보여준다. 플로리다의 주장이 맞는다면, 성소수자에 대한 관용도는 그 도시의 첨단산업과 창조 부문이 어느 정도로 혁신적인지를 보여주는 좋은 지표다. 좀 더 힘을 빼고 말하자면, 성소수자에 대한 관용도가 높은 도시일수록 신규 부동산 시장이 성장할 기회가 많다는 이야기다. 샌프란시스코뿐 아니라, 암스테르담, 베를린, 런던, 상파울루, 마이애미, 토론토도 마찬가지다. 성적 다양성이 높은 도시일수록 혁신적인 도시가 될 기회가 높다는 사실이 명확해짐에 따라, 성소수자 문화는 세계화되는 동시에, 세계적으로 동질화되고 있다. 이런 현상은 성소수자 공동체의 성공이지만, 성소수자 문화를 쇼핑과 음식으로 축소한다는 점에서 성소수자 공동체에 가해지는 위협이기도 하다.[28]

성소수자 문화는 도시에 거대한 볼거리를 창조하고, 그에 따라 돈을 흐르게 하기도 한다. 예를 들어, 상파울루 LGBT 프라이드 퍼레이드는 매년 300만 명이나 되는 관광객을 전 세계에서 끌어들인다.[29] 이는 성소수자 친화성이 한 도시에 세계성을 부여하는 데 얼마나 큰 도움이 되는지 잘 보여준다. 이렇듯 성소수자 친화적인 활동의 가시성은 크게 증가했지만, 이전에는 흔히 볼 수 있었던 성매매 구역의 가시성은 점점 낮

아지고 있다. 성매매 자체가 사라진 것은 아니다. 이제 성매매는 주로 온라인에서 이루어진다. 이에 따라 성매매가 이루어지던 구역의 외관도 크게 바뀌었다. 잘 알려진 암스테르담의 성매매 구역도 이제는 과거와 같지 않다. 런던 소호도 이제는 완전히 다른 곳이 되었다. 2000년대 초까지만 해도 소호는 공중전화 부스에 성매매를 홍보하는 우편엽서들이 붙어 있고, 거리에는 성매매 여성들이 노골적으로 호객 행위를 하던 곳이었으며, 상점에서 버젓이 포르노 잡지를 팔던 곳이었다. 이제 그런 문화는 모두 사라졌다. 이는 한편으로는 기술의 발전이 가지고 온 변화이고, 다른 한편으로는 젠트리피케이션이 가지고 온 변화다.[30]

사랑도 통역이 되나요

도시의 성 문화와 관련한 가장 가시적인 변화는 도시의 주변부, 그리고 그 주변부의 활동들이 주류화되는 과정에서 일어나 왔다. 역사적으로 주변화되어 온 이들의 실천 속에서 성에 관한 이론들이 등장했고, 이는 지금도 진행되고 있는 프로세스다(이것은 이 책이 다루는 범위를 넘어선다). 하지만 우리는 성이 도시의 시각 문화에서 어디에 있는지, 또는 어디에 없는지를 좀 더 주의 깊게 생각해볼 필요가 있다. 흔히, 산업화된 세계의 문화는 성적인 이미지로 가득 차 있다고 여겨진다. 하지만 도시와 관련하여서도 정말 그런 그림인지는 분명하지 않다. 도시를 계획하고 설계하는 이들은 성에 대해 거의 이야기하지 않는다. 하지만 성과 관련된 우리의 삶은 대부분 도시의 건물 안에서 이루어진다.[31]

도시의 성을 가장 많이 다루는 매체는 텔레비전과 영화다. 지금 생각해보면 미국 텔레비전 방송국들은 1980년대 중반부터 서로 경쟁이라도 하듯이 도시를 성적으로 매혹적인 공간으로 그려왔다. 〈치어즈〉(보스턴), 〈사인펠드〉(뉴욕), 〈프렌즈〉(뉴욕), 〈프레지어〉(시애틀), 그리고 그 어떤 드라마보다도 〈섹스 앤 더 시티〉(뉴욕)가 도시를 성적 유희의 공간으로 상상했다. 이 드라마의 에피소드들은 모두 성을 둘러싼 사회적 관행와 윤리, 예를 들자면 상대를 선택하거나 포기하는 일, 상대의 부·사회적 계급에 대한 불안 및 섹스를 대하는 법, 피임과 성적 건강의 문제, 성적 페티시, 성적 도착, 성적 지향을 둘러싼 불안 같은 것들을 중심으로 전개된다. 이 모든 서사들에는 항상 바, 식당, 또는 다른 공공 공간들이 배경으로 등장한

사진 4.4

〈사랑도 통역이 되나요〉(2003, 소피아 코폴라 감독). 신주쿠에 있는 도쿄 파크 하얏트 호텔에서 도쿄에 대해 사색하는 샬럿의 모습.

다. 〈프레이저〉에서는 언제나 아파트 발코니 바깥으로 시애틀의 랜드마크인 스페이스 니들 타워가 보인다. 이 우뚝 솟은 시애틀의 랜드마크는 에피소드에 따라, 프레이저의 성적 모험을 경축하는 상징적 남근이 되기도 하고, 반대로 프레이저의 성적 모험을 꾸짖는 상징적 손가락이 되기도 한다. 프레이저가 사는 아파트의 인테리어도 프레이저의 성적 모험을 위한 중요한 장치다. 오픈플랜으로 탁 트인 거실, 그랜드 피아노, 쾌적하고 친밀한 실내 장식들, 근사한 시애틀의 모습이 보이는 테라스 모두 프레이저의 데이트에 유리하도록 설계되어 있다.

2000년대 이후 나온 영화 가운데 도시를 성애화한 가장 대표적인 작품은 〈사랑도 통역이 되나요〉일 것이다. 소피아 코폴라가 연출과 각본을 맡은 이 영화는 도쿄의 5성급 호텔에서 우연히 만난 밥과 샬럿이 한주 동안 서로에게 이끌렸다 헤어지는 과정을 보여주는 작품이다. 밥은 산토리 위스키의 광고 촬영차 도쿄를 방문한 중견 영화배우고, 샬럿은 사진작가인 남편을 따라 일본에 왔지만 불확실함으로 번민하는 젊은 여성이다. 같은 호텔에 머무르고 있던 그들은 잠을 이루지 못하고 뒤척이던 중 호텔 바에서 우연히 마주친 후 서로에게 이끌린다. 이 영화에서 섹스는 결코 일어나지 않는다(한 영화평론의 평가대로, 이 영화는 섹스가 아닌 서로에 대한 간절한 갈망을 표현하는 영화들의 전통 안에 있다).[32] 일본인 광고주가 밥의 호텔방으로 성 노동자를 보내는 장면에서도, 일본인들이 안내한 스트립 클럽에서 밥이 샬럿을 기다리는 장면에서도, 섹스는 이루어지지 않는다. 두 사람 사이의 육체적 친밀감이 가장 커지는 장면에서도 빌이 같은 침대에 누워 있는 샬럿의 발을 살며시 만질 뿐이다. 그럼에도 이 영화에서 성적 긴장은 계속 유지된다. 둘이 처음 만나는 장면부터 섹스는 계속 가능성으로 남아 있다. 마지막 장면의 어색한 포옹은 답을 주는 대신 더 많은 질문들을 제기한다. 이 영화를 특별히 흥미롭게 만드는 지점 하나는 도시가 매우 큰 역할을 하는 나머지 이 영화를 밥과 샬럿의 양자 관계가 아니라 밥과 샬럿과 도시 사이의 삼자 관계처럼 보이게 한다는 점이다. 이 영화에서 도시는 두 사람이 모두 알고 있는 공통의 친구라도 되는 것처럼 둘을 만나게 하는 구실이 된다. 도시는 두 사람이 언제, 어디서, 얼마나 오랫동안, 어떤 상황에서 만나야 하는지를 지정해줌으로써 둘 사이의 친밀감에 구체적인 형상을 부여하고, 그들이 함께 있어야 하는 이유가 된다. 하지만 이 영화에서 도시가 그려지는 방식에는 더 중요한 지점이 있다. 그것은 이 영화가 도쿄를 안드레이 타르콥스키가 1972년작 〈솔라리스〉에서 보여준 도쿄처럼, 우리를 애워싸고 있는 무엇, 우리가 쉽게 이해할 수 없는 다른 어느 세상처럼 그리고 있다는 점이다.

이 영화의 도시는 인간적인 무엇이 아니라, 거대하고 숭고한 존재이며, 경이와 공포의 대상이다. 함께 있을 필연적인 이유가 없는 두 사람의 공통의 관심사가 되어 둘을 함께 있게 만드는 존재다. 이 영화 속에서 도시는 에로틱한 존재이기도 하다. 속옷만 입은 샬럿이 어두운 밤 호텔 창가에 걸터앉아 도쿄의 야경을 내려다보는 장면에서 샬럿의 이미지는 도시의 풍경과 하나로 합쳐진다. 이 영화에서 섹스는 영원히 유예되지만, 도시가 에로틱한 파트너가 될 수 있음은 잘 드러난다.

〈사랑도 통역이 되나요〉는 문제적인 면이 많은 영화다. 개봉 당시 미국 평론가들은 모르는 척했지만(이 영화는 2003년 아카데미상의 여러 부문에 후보로 올라 각본상을 수상했다), 이 영화에는 "도저히 참을 수 없을 정도로 인종주의적"인 면이 있다.[33] 영화학자 호메이 킹이 비판하듯, 이 영화는 일본인과 일본 문화에 대한 스테레오타입을 그대로 착취한다. 일본인들이 'L' 발음과 'R' 발음을 구분하지 못하는 장면, 일본 남성은 히스테리컬하고 남성성이 결여된 존재로, 일본 여성은 무조건 순종적이기만 한 존재로 그리는 장면들, 도쿄를 한편으로는 매혹적이지만 다른 한편으로는 혼란스럽고 비논리적인 도시로 그리는 장면들이 그런 예다[34](이런 독해에 대한 소피아 코폴라 자신의 상세한 논평에 대해서는 미주의 기사를 참고하라).[35] 하지만 영화를 도시라는 렌즈를 통해 읽을 때는, 영화의 이런 특징은 성이 도시 속에서 어떻게 상상되는지와 관련하여 통찰을 제공하는 면이 있다. 우리에게는 성과 섹스를 본질적으로 '이국적인 것'으로 이해하는 경향이 있다. 섹스는 일상에서 일어나는 일이 아니라, 일상을 벗어났을 때 일어나는 일, 원래의 장소가 아니라 원래의 장소를 벗어난 다른 장소, 곧 '헤테로토피아'에서 일어나는 일인 것이다. 영화는 일본 문화에 대한 스테레오타입을 장치로 활용함으로써 바로 이런 다른 공간을 생산한다.[36] 도쿄는 이로써 이국적인 곳, 무엇이든 가능한 공간이 된다. 이국적인 공간은 곧 에로티시즘의 공간이 된다. 미술사에 대한 이해가 있는 이라면 잘 알겠지만, 이국성과 에로티시즘은 불가분의 관계에 있다.

〈사랑도 통역이 되나요〉를 구원해주는 것은 영화의 모호함이다. 이 영화는 일본을 기존의 스테레오타입에 의존해 재현하고는 있지만, 영화 속에서 분명한 입장은 아무것도 없다. 두 주인공이 불확실한 삶 속에서 방황하듯이, 감독인 코폴라도 모든 것에 불확실하고 모호한 태도를 취한다.[37] 이 불확실함과 모호함은 영화에 에로틱한 분위기를 부여하며 영화 자체를 성애화한다. 간단히 도식화하면 이렇게 말할 수 있을 것이다. 도쿄는 기이하다. 그리고 그 도쿄는 기이하기 때문에 에로틱하다.

〈사랑도 통역이 되나요〉 외에도 현대 도시를 성애화하는 영화는 많다. J. G. 밸러드의 동명소설을 영화화한 〈하이-라이즈〉는 미래를 배경으로 한 이스트 런던의 초고층 고급 아파트 하이-라이즈를 성적인 디스토피아로 묘사하는 작품이다.[38] 가학적 폭력으로 가득 찬 이 영화에서 브루탈리즘 양식으로 지어진 하이-라이즈의 실내는 섹스와 등가인 무엇으로 그려진다. 아파트를 설계한 건축가의 펜트하우스 장면을 보면, 카메라가 난교 장면과 함께 고급 카펫의 순백색 울과 콘크리트 벽의 마감을 탐미하듯 공들여 보여준다.

〈사랑도 통역이 되나요〉가 이런 영화들보다 관객에게 더 가까이 다가오는 이유는 이 영화가 현대 도시를 더 깊이 이해하고 있다는 데 있을 것이다. 영화는 제작비 대비 30배인 1억 2000만 달러를 벌어들이며 큰 성공을 거두었다.[39] 관객들은 영화를 보면서 성적 욕망의 문제를 자연스럽게 생각했을 것이다. 이 영화 속 도시는 (펠릭스 가타리의 표현을 빌자면) '욕망하는 기계'다. 좀 더 자세히 설명하면 이렇다. 첫째, 이 영화 속 도시는 광대하고 본질적으로 알 수 없는 존재, 거대한 바다처럼 그 깊이를 가늠할 수 없는 존재다. 둘째, 도시의 공간은 텅 빈 공간, 도시의 실제 시간 바깥에 있는 공간으로 그려진다. 두 주인공이 만나는 호텔 꼭대기의 바처럼 누군가가 거주하는 공간이 아니라, 그저 통과하는 공간이다. 셋째, 도시 속에 일시적으로 거주하는 이 주인공들은 도시의 일부분이 되지 않는다. 이들은 그저 일정한 거리를 두고 도시를 바라보는 관찰자에 불과하다. 마지막 넷째, 앞의 요소들이 모두 합쳐지면서 영화는 에로틱한 분위기를 갖게 된다. 어딘가 위험하지만 동시에 스펙터클한 도시 속에서 주인공들은 서로를 필요로 하게 된다.

이런 맥락을 살필 때, 우리는 지금 세계의 금융 수도들에서 초호화 아파트들이 홍보되는 방식을 이해할 수 있게 된다. 성을 건축의 중요한 요소로 다루는 건축가로는 이라크계 영국 건축가 자하 하디드가 있다. 뉴욕 520 웨스트 28스트리트에 위치한 자하 하디드의 극도로 데카당트한 초호화 콘도 자하 하디드 빌딩520 West 28th Street은 앞서 살펴본 웨스트 빌리지와 넓게 보았을 때 같은 지역에 있다. 1970년대 이 지역은 자본이 버린 곳이었고, 바로 그렇기 때문에 남성 동성애자들이 이곳을 자신들의 성적 공간으로 사용할 수 있었다. 이제 이 지역은 자하 하디드의 초호화 콘도가 자본 집중의 상징으로 자리 잡은 곳이 되었다.[40] 이 콘도는 그 위치부터가 성적인 의미와 무관하지 않다. 1970년대 동성애자들이 크루징하던 부둣가의 인근일뿐더러, 역시 동성애자들이 많이 사는 미트패킹 디스트릭트와도 인접하고 있다. 근처 하이 라인 공원 옆에 있는 스탠다드 호텔 역시 이 콘도에 성적인 뉘앙스를 더한다. 하이 라인 공원 옆에 서 있는 스탠다드 호텔은 객실이 바닥부터 천장까지 커다란 통유리로 되어 있어 투숙객들, 심지어 호텔 직원까지도 자신의 나체를 의도적으로 외부에 노출하는 곳으로 악명 높다.[41] 《뉴욕 포스트》는 벗은 몸을 하이 라인 공원의 시민들에게 노출하고 있는 투숙객의 사진들을 게재했고, 다른 신문들은 호텔 측이 이런 투숙객의 행동을 적극적으로 저지하지 않고 있다는 기사를 냈다. 자하 하디드 빌딩은 이런 스탠다드 호텔에서 불과 1킬로미터 조금 넘는 거리에 위치해 있다. 건물 외관의 상당 부분이 투명하게 처리되어 있는 이 11층짜리 콘도가 사용하고 있는 투명성이라는 현대 건축의 어휘는 관음증뿐만이 아니라 노출증과도 연결된다. 이 연관 관계는 크루징의 역사 그리고 스탠다드 호텔의 역사 속에서 더욱 강화된다. 인간의 육체를 연상시키는 건물의 부드러운 곡선들과 유기적인 형태도 이 콘도에 성적 의미를 더한다. 자하 하디드 빌딩에서 성은 이야기하지 않을 수 없는 요소로, 자하 하디드 빌딩의 홍보 사진은 〈사랑도 통역이 되나요〉가 그린 도시의 소외된 섹슈얼리티를 활용한다. 콘도의 한 홍보 사진을 보면, 거실 한구석에 커다란 크기의 세라믹 펭귄 인형이 놓여 있는 것을 볼 수 있다. 이 펭귄 인형의 기능은 물론 이 아파트에 이국성을 부여하는 것이다. 이 펭귄 인형과 함께 이 아파트는 이성적인 설명을 거부하는 곳, 방어적 친밀감을 필요로 하는 곳이 된다. 이 펭귄을 보면서 이 콘도의 잠재적 구매자들은 〈사랑도 통역이 되나요〉의 주인공처럼 공허하고 소외된 기분을 느낄지도 모른다. 하지만 500만~1600만 달러에 달하는 이 초호화 콘도를 구입하는 이들이 이곳에 거주할 가능성은 낮다. 그들은 투자를 위해 이 콘도를 사는 이들이기 때문이다. 이 콘도의 성적 암시는 투자를 유인한다. 〈사랑도 통역이 되나요〉에서 그랬던 것처럼, 자하 하디드의 최고급 콘도에서도 섹스는 영원히 유예될 것이다.

5장

노동

일자리는 도시 환경에 형태를 부여한다

모든 프로세스 가운데 도시의 형태를 가장 잘 설명해주는 프로세스는 '노동'이다. 경험해본 사람은 알겠지만, 노동 중에서도 산업 노동은 특히 더 그렇다. 이런 노동이 중심이 되는 도시에서는 노동이 사람과 사물의 특정한 흐름을 만들고, 하루의 리듬을 만들며, 이미지와 정체성을 제공한다. 노동은 도시의 형태에 큰 영향을 미치지만, 처음부터 그렇게 시작된 경우는 많지 않다. 산업혁명 시대에 지어진 여러 공장과 조선소들이 당시 해당 도시를 지배했다고 해도, 그 공장과 조선소들은 처음부터 도시의 시각적 스펙터클이 되기 위해 지어진 것은 아니었다. 그런 경우는 없었다. 노동이라는 프로세스가 이루어지면서, 노동이 도시에 형태를 제공하게 된 것이다. 그것은 지난 세기들에도 그랬고, 이번 세기에도 그렇다.

노동이 도시의 외형에 중요한 영향을 미친다는 사실은 명백하다. 내가 어린 시절 자란 도시에는 커다란 공장이 하나 있었다. 라이노타이프라는 조판기를 생산하는 공장이었다. 라이노타이프는 당시 신문을 인쇄하는 데 사용되는 조판기 종류였다. 공장은 직원이 1만 명에 달할 정도로 컸다. 그 공장은 내가 살던 도시에 막대한 영향을 미쳤다. 그 공장은 규모부터 그 도시에서 가장 크고 가장 눈에 띄는 건물이었다. 공장은 노동자들에게 주거도 제공했다. 노동자들은 대부분 에드워드 양식으로 균형 있게 지어진 공장 기숙사에서 생활했다. 공장은 하루의 리듬도 결정했다. 공장이 돌아가면 길거리의 인적이 줄어들었고, 공장이 끝나면 길거리의 인적이 늘어났다. 라이노타이프 조판기를 더 이상 사용하지 않게 되면서 공장도 문을 닫았고, 지금은 그 자리에 노먼 포스터가 설계한 아파트가 들어서 있다.[1] 그 공장은 사라졌지만, 나는 그때를 여전히 잘 기억하고 있다. 나의 기억은 19세기에 시작되어 20세기에 완성된 공장 시스템을 축약해서 담고 있다. 내 세대에는 공장 시스템에 의존하여 돌아가는 도시를 현대 도시의 전형으로 기억하는 이들이 많을 것이다. 현재 도시화가 급속도로 이루어지고 있는 도시들에서 이는 여전히 현재 진행형이다. 이를테면, 전 세계 스마트폰 생산의 40퍼센트를 담당하는 폭스콘의 중국 공장들은 여전히 전형적인 공장들이다. 중국 내의 폭스콘 공장들은 전통적인 공장 경제의 특징을 그대로 유지하고 있다.

개념으로서의 공장은 지금도 유효하다. 공장이 단지 상품을 생산하는 역할만 하는 것이 아니라, 노동이라는 개념을 구체적인 물질적 형태로 드러내 보여주기 때문이다. 사회학자 지그문트 바우만은 노동을 이렇게 말한다.[2] "노동은 현대 사회의 가장 중요한 가치로 여겨진다.", "노동은 형태가 없는 것

사진 5.1

디트로이트의 피셔 바디 공장. 앨버트 칸의 설계로 1919년 완공되었다.
(2016년 사진)

에 형태를 부여하고, 지속성이 없는 것에 지속성을 부여한다.", "노동은 인류의 모든 성원이 참여해야 하는 집단적인 노력으로 여겨진다.", "노동을 하는 상태는 인간의 '자연적 조건'으로 여겨지는 반면, 노동을 하지 않는 상태는 '비정상적인 상태'로 여겨진다." 이런 산업적 질서가 가장 거대하게 표현된 것은 헨리 포드가 디트로이트에 지은 자동차 공장 단지다. 우리는 이곳에 체화되어 있던 노동 문화를 '포드주의'라고 부른다. 포드주의에는 그 이전의 생산 체계와는 구분되는 뚜렷한 특징들이 있다. 생산과정의 수직적 통합, 여러 작은 단계로 나눠진 생산

단계, 컨베이어 벨트의 도입 등이 그것이다. 포드는 또 숙련된 노동자들이 다른 공장으로 쉽게 옮기지 못하도록 당시로는 이례적으로 노동자들의 일당을 대폭 인상했다. “포드는 자신의 노동자들을 포드 기업에 영원히 묶어놓기를 원했다. 그는 노동자들을 훈련하는 데 들인 비용을 모두 회수하고, 그 노동자들이 자신의 공장에서 일하며 계속해서 자신에게 이윤을 안겨주기를 원했다.”[3]

포드주의가 도시의 형태에 미친 영향은 지대했다. 그 자체로 작은 도시 하나의 크기였던 포드사의 공장들은 물리적으로도, 심리적으로도 그 공장이 있는 도시들을 지배했고, 하

사진 5.2

디트로이트의 피셔 바디 공장. 앨버트 칸의 설계로 1919년 완공되었다. (2016년 사진)

루와 한 해의 리듬을 정의했으며, 노동자들의 삶 전체에 형태를 부여했다. 디트로이트의 위성도시 하일랜드파크에 위치한 하일랜드파크 포드 공장은 그 전성기에는 노동자만 4만 명이었다. 그 공장이 곧 하일랜드파크나 마찬가지였다. 디어본에 있는 리버 로그 포드 공장은 1920년대 중반 기준 노동자가 5만 5,000명에 달하는 미국 최대 공장 단지였다. 이 공장 단지들을 지은 이는 당시 여러 자동차 공장의 설계와 건축으로 유명했던 독일계 미국 건축가 앨버트 칸이었다. 역사학자 조슈아 B. 프리먼의 평가처럼, 칸이 지은 공장은 "유리와 철로 된 매끈한 표면을 지닌 기능적이고도 아름다운 공장들"이었다.[4] 스틸프레임, 벽돌로 된 단순한 외관, 오픈플랜의 실내 구조, 철제 창틀로 벽면을 따라 수평으로 길게 난 리본 윈도우를 특징으로 하는 칸의 공장은 튼튼했고, 또 쉽게 개조가 가능했다. 이런 것을 보면 산업도시의 물질적 형태를 넘어, 산업 노동이라는 개념 자체가 총체적인 시스템이라는 개념에서 벗어나기 어렵다.

내가 기억하는 라이노타이프 조판기 공장의 산업적 소우주도 정확히 그런 시스템이었다. 그 공장은 노동자들에게 평생의 노동과 주거와 복지를 제공하는 곳이었다. 공장은 노동자들에게 전례가 없는 수준의 안정성을 제공했다. 동시에 (상대적으로 자비로운 곳이긴 했으나) 노동자들을 '종속'시키는 감옥이기도 했다.[5]

산업이 도시에 부여한 물질적 형태는, 그 산업이 사라진 이후에도 지속된다. 어떤 산업이 이미 쇠락하거나 끝난 다음에도 그 산업이 발달했던 도시의 이미지가 여전히 이미 사라진 산업에 의해 결정되는 경우도 많다. 사실 지금 사회라고 해서 산업이 과거보다 덜 중요해진 것은 아니다. 지금 사회가 전보다 더 산업에서 생산되는 제품에 더 의존하는 면도 있다. 하지만 달라진 것이 있다. 산업이 도시에 영향을 미치는 방식이다. 산업은 더 이상 과거와 같은 방식으로 도시에 영향을 미치지 않는다. 도시에서 이루어지는 노동의 특징이 변화하면서, 노동이 도시에 영향을 미치는 방식도 변화했다.

이것은 산업화된 세계에서 우리가 잘 알고 있다고 생각하는 패턴이다. 과거 물건을 생산하던 도시들은 이제 다른 곳에서 생산된 물건들을 소비하는 도시가 되었다. 공장이나 물류 공장과 같은 생산의 공간이 이제는 유흥과 주거의 소비 공간이 되었다. 이 변화에 가장 먼저 주목한 이는 미국의 사회학자 샤론 주킨으로 그는 1982년 저서 『로프트 리빙』에 이 과정을 상세히 기술한다.[6] 그는 이 책에서 노동이 여가로, 생산이 소비로 바뀌고 있는데, 이 과정에는 무엇인가 잘못되었다는 우리의 감각이 동반한다고 서술한다. 『별난 공간들』이라는 책을 쓴 로버트 하비슨은 이 무엇인가 잘못되었다는 감각과 관련하여 이렇게 쓴다. "우리는 런던의 부둣가는 방문하지만 로테르담의 부둣가는 방문하지 않는다. 우리가 교역을 낭만적이라고 느끼기 위해서는 그 교역이 이미 사라진 것이어야 하기 때문이다."[7] 공장에서 일해본 경험이 있는 이들은 공장이라는 공간을 낭만으로 받아들일 수 없다. 공장이었던 공간에서 쾌락을 느낄 수 있는 이들은 오직 공장 노동과는 무관한 이들, 그것을 현대적 숭고로 받아들일 수 있는 이들이다. 사람들은 탈산업화를 화사한 색으로 묘사하곤 하지만, 과거의 산업 공간을 현재 어떤 활동들이 채우고 있는지, 또 이 활동들이 어떻게 새로운 형태의 노동이 되고 있는지에 대해서는 별 관심을 기울이지 않는다.

이 장에서는 세계도시에서 노동이 어떤 모습을 하고 있는지 살펴본다. 초점을 맞출 수 있는 노동의 분야는 다양한데, 많은 도시 연구자들은 금융 서비스 분야에서의 노동을 선택할 것이다. 도시사회학자 사스키아 사센은 국제 금융 서비스와 그 네트워크가 세계도시를 정의한다고 주장한다.[8] 그런데 도시의 외관이라는 측면에서만 생각해 본다면, 국제 금융이 도시에 미친 영향은 크지 않다. IT에 필요한 케이블을 처리하느라 사무실 천장이 조금 높아진 정도가 국제 금융이 도시의 외관에 미친 영향의 전부일 것이다. 도시에 가장 큰 영향을 미친 것은 이른바 창조산업에서 일어나는 노동이다. 창조산업에는 광고, 영화, 텔레비전, 건축이 포함되고, 첨단기술 부문의 상당 부분도 여기에 포함된다. 창조산업은 경제 성장과도 긴밀한 관계가 있다. 한 예로 2017년 영국의 경우를 보면, 창조산업은 영국 경제 전체 성장률의 두 배에 달하는 성장률을 기록하며, 영국 경제의 14퍼센트를 차지했다.[9] 이 수치를 어떻게 해석하느냐는 쉽지 않은 문제이지만, 창조산업이 전혀 새로운 형태의 노동의 이미지를 계속해서 창출하고 있다는 점에서 이는 분명 중요한 문제다. 이제 심지어 금융산업도 자신의 산업을, 또는 최소한 자신들의 사무실 건물을 '창의'적으로 상상하기 시작했다. 도시의 외관과 관련하여, '창조적'인 노동은 매우 중요한 문제가 되었다.

로프트에서 광활하게 살기

창조적인 노동의 원형을 찾기 위해서, 1970년대 뉴욕의 로프트를 살펴볼 필요가 있을 것 같다. 1970년《라이프》지에 실린 특집기사 제목은 '로프트에서 광활하게 살기'다.[10] 앤디 워홀과 같은 예술가들이나 즐겨 사용하는 곳으로 여겨졌던 로프트가 점점 더 중산층의 사람들에게까지 주목받게 되는 현상을 다룬 기사다. 전형적인 중산층적 관점에서 쓰인 이 기사는 로프트의 부정적인 측면에 먼저 주목한다. 로프트는 판지 제조 공장이나 섬유 재가공 공장이었던 건물의 공간을 개조한 경우가 많았는데, 기사는 이런 건물들의 주변 환경이 불편하고, 위생적이지 않으며, 미관상으로도 아름답지 않음을 지적한다. 또 로프트가 주거용으로 등록된 건물이 아니라는 점에서 위반건축물이라는 사실도 지적한다.[11] 하지만 이 기사는 문제에 이어 로프트의 장점도 소개한다. 이곳에 사는 것의 장점은 기사의 제목이 말해주듯이 정말 '넓게' 살 수 있다는 점이다. 로프트에 거주하고 있는 한 사람은 기사에서 로프트에

사진 5.3

로프트를 다룬 1970년도의 《라이프》 기사. 이후 뉴욕의 여러 갤러리가 로프트에 들어섰다.

서 살면 창조적인 생각이 절로 나는 것 같다고 흐뭇해한다. 로프트에서는 체육관처럼 아크로바틱까지도 할 수 있다고 자랑하는 이도 있다. 또 다른 이는 "이곳은 환상적인 공간이에요. 저는 이곳을 온갖 테크놀로지 문화의 하치장처럼 사용해요"라고 말한다.[12] 이렇듯 로프트라는 건물 유형과의 관계 속에서 일련의 태도들이 다듬어져 드러나는 것을 통해 알 수 있듯이, 로프트는 단순한 건물의 종류가 아니었다. 그것은 라이프스타일이었다.

《라이프》지의 사진기자 존 도미니스가 찍은 로프트를 보면, 앤디 워홀의 팩토리처럼 규모와 장식 면에서 감탄을 불러일으킨다. 로프트에 걸린 예술 작품의 거대한 크기는 공공 공간을 연상시키고, 가구나 커다란 식물들은 이곳을 매우 특별한 곳으로 보이게 한다. 하지만 이 사진들에서 가장 강조되고 있는 것은 이곳에서는 일이 놀이처럼 여겨진다는 점이다. 한 사진을 보면, 로프트의 널찍한 공간에 캐주얼한 옷을 입은 사람들이 여럿 모여 자유롭게 대화를 나누고 있다. 서 있는 사람도 있고, 바닥에 반쯤 누워 있는 사람도 있다. 탁구대에서 탁구를 하고 있는 이들의 모습도 보인다. 21세기 실리콘밸리 기업들의 자유로우면서도 쾌적한 업무 환경을 연상시키는 사진이다.

이탈리아의 미술 평론가 제르마노 첼란트는 뉴욕의 로프트를 단순히 부동산 시장의 추세로 보는 대신 새로운 노동 문화의 등장으로 보고 경축했다. 첼란트는 로프트의 '현기증 나는 높이'를 찬탄했고, 로프트에 사는 이들을 '관습에 도전하는 이들', '상징적인 행위를 하는 이들', '낭만적 정신으로 가득 찬 이들'이라고 극찬했다.[13] 제노바와 뉴욕에서 활동한 첼란트는 아르테 포베라Arte Povera 운동을 기획한 지식인이다. 아르트 포베라 운동은 쉽게 구할 수 있는 값싼 재료로 의도적으로 금세 수명을 다하는 작품을 만드는 네오아방가르드 예술 운동이다. 이 운동의 대표적인 작품으로는 1967년 미술 작가 미켈란젤로 피스톨레토가 토리노 거리에 전시한 신문지로 뭉쳐 만든 커다란 공이다. 첼란트는 아르테 포베라 운동을 상품화에 대한 저항이라고 말한다. 현대 예술이 예술 작품을 상품으로 만들고 있다면, 아르테 포베라 운동은 예술의 상품화를 멈추고자 하는 시도라는 것이다. 첼란트는 1967년 「게릴라전을 향하여」라는 비평문에서 예술가는 체 게바라와 같은 낭만적인 혁명 전사가 되어 소비사회의 인력에 저항해야 한다고 주장한다.[14]

이런 첼란트였기에 그는 로프트를 다소 지나치게 낭만주의적으로 본 경향이 있다. 첼란트는 로프트를 관습에 대한 도전, 일종의 수행, 하나의 진술로 보았고, 심지어는 예술 작품으로까지 평가했다. 첼란트는 뉴욕이 경제적인 어려움을 겪고 있던 시기에 로프트가 뉴욕 미술계라는 작은 세계가 가지고 있던 욕망을 다루고 있는 것으로 보았다. 첼란트의 해석에 너무 많은 의미를 부여할 필요는 없지만, 그가 환경을 '낭만적인 것', '깊이' 면에서 숭고한 무엇으로 본 것은 노동이라는 프로세스가 이후 시민들에게 팔리게 된 변화를 파악하는 데 중요하다. 산업도시의 몰락은 그 산업에 의존해 삶을 유지하던 이들에게는 재앙이지만, 산업의 몰락이 남긴 스펙터클한 건물들(남겨진 거대한 공장들과 창고들!)은 새롭게 포장되어 다음 세대의 노동자들에게 기회로 제공되기 시작했다. 문화 분야에 있는 다른 이들이 그러했던 것처럼 첼란트도 이 과정을 좀 더 그럴듯한 과정으로 만드는 데 기여한 셈이다.

예술가를 생산하는 암스테르담 NDSM

산업의 몰락은 세계도시를 정의하는 중요한 프로세스 가운데 하나다. 산업의 몰락에 어떤 식으로든 영향을 받지 않은 도시는 거의 없고, 뉴욕과 런던 같은 도시들은 몰락의 이미지 속에서 경제를 재창조했다. 이 현상을 살펴보기 가장 좋은 곳은 예상치 못하게도 네덜란드 암스테르담이다. 유럽의 주요 교역 도시이자 문화의 중심인 암스테르담은 많은 경우 17세기 회화에 등장하는 운하와 예쁜 벽돌집의 도시로 상상된다. 하지만 암스테르담 중앙역에서 내려 다른 관광객들처럼 남쪽 출구로 나가지 말고, 북쪽 출구로 나가보라. 강 건너에 엄청나게 큰 규모의 산업적 풍경이 펼쳐져 있는 것이 보일 것이다. 역 앞에 펼쳐진 에이강의 북쪽 지역은 암스테르담-라인 운하를 따라 에이마위던시와 북해에 이르기까지 물류창고, 조선소, 정유 공장이 40킬로미터 가까이 줄지어 늘어서 있는 곳이다. 그 북쪽 지역에서 암스테르담 중앙역의 에이강 건너편이 NDSM 지역이다. NDSM은 조선 회사 '네덜란드 선창 조선 회

사진 5.4

암스테르담 NDSM 지역의 노르데를리흐트 카페. 건축가 스티븐 게릿센이 온실 건축 기술을 응용해 2005년 완공했다.(2016년 사진)

사진 5.5

NDSM사가 선박 조립장으로 사용하던 거대한 규모의 건물 스헤이프스바울로츠Scheepsbouwloods.(2016년 사진)

사Nederlandsche Dok en Scheepsbouw Maatschappij'의 약자였지만, 회사가 문을 닫은 지금은 그 회사가 있던 지역 자체를 일컫는 말이 되었다. NDSM은 맨 처음 1946년 마셜 플랜의 일환으로 지어진 후, 네덜란드계 정유회사 셸의 대형 선박을 건조하는 공간으로 사용되다가, 1984년에 문을 닫았다. 이후 NDSM의 선박 제조창 건물은 내부의 엄청난 넓이 때문에 스쾃팅squatting이라 불리는 빈집점거운동의 중요한 공간이 되었다. 2000년, 암스테르담시는 NDSM 지역의 재생 사업에 대한 아이디어를 구하는 공모전을 개최하여, NDSM 지역을 예술가들을 위한 공간으로 개발하자는 계획안을 당선시켰다. 2012년에는 NDSM 지역을 창조적인 일에 종사하는 이들이 거주하는 주변 지역들의 중심으로 개발하는 대형 계획을 수립하고 개발에 착수했다.[15] 2013년, 암스테르담시는 NDSM의 운영을 비영리 재단에 통합했다. 이제 NDSM은 예술가들과 창조 기업을 육성하는 네덜란드의 문화예술 인큐베이팅 프로그램인 '브룻플라천(broedplaatsen, 네덜란드어로 'broed'는 '부화', 'plaats'는 '공간'을 뜻함)' 프로그램이 지원하는 가장 큰 규모의 사업이 되었다.

암스테르담 중앙역 북쪽 출구 앞에 있는 선착장에서 한참을 기다려 페리를 탄 후, 에이강을 따라 북서쪽으로 20분 정도 가면, 노면전차와 자전거로 복잡하던 암스테르담 도심과는 전혀 다른 분위기의 NDSM에 도착한다. 물과 하늘이 펼쳐진 풍경, 그리고 산업의 잔해가 어울어져 만들어진 이곳은 완전히 새로운 곳이다. 부두에 도착하자마자 눈길을 끄는 것들이 있는데, 그것은 부티크 호텔로 쓰이고 있는 크레인과 대학생들의 주거 공간으로 쓰이는 색색의 선적용 컨테이너들이다.[16] 페리가 정박하는 부두는 배를 땅 위로 끌어 올리는 데 쓰는 커다란 선가대인데, 이곳의 거의 모든 벽이 그렇듯이 그라피티들이 그려져 있다. 선가대 뒤쪽은 과거 NDSM사가 선박 조립장으로 사용했던 철제 건물인 스헤이프스바울로츠Scheepsbouwloods로 이 건물은 그 넓이가 축구장 10개에 달한다. 이 건물의 바로 동쪽에는 더 거대한 규모의 벽돌 건물이 서 있는데, 이 역시 NDSM사가 사용하던 조선소 건물이다. 세련된 네오모더니즘 양식으로 디자인된 이 건물에는 프랑스 주류회사 페르노리카, 국제환경단체 그린피스와 같은 다국적 조직의 사무소들이 입주해 있다.[17] 근처에는 또 미국 미디어 그룹 바이어컴 등의 네덜란드 지사와 힐튼 더블트리호텔 네덜란드도 있다. 에이강 쪽으로 눈을 돌리면 대형 보트를 개조해 만든 수상 호텔 암스텔 보텔Amstel Botel[18]이 눈에 들어온다. 놀랍게도 냉전 시대 구 소련이 사용했던 잠수함도 전시되어 있다. NDSM에서 선박용 컨테이너는 눈에 채일 정도로 많다. 강가에는 선박용 컨테이너를 개조해서 만든 플렉Pllek이라는 이상한 이름의 바가 이곳의 명소로 자리하고 있다.

이 책의 목표는 도시가 프로세스임을 보이는 것이다. NDSM의 이미지는 도시가 프로세스임을 그 어느 곳보다도 잘 보여준다. 산업이 전성기였던 시절 끊임없이 움직이는 상태에 있던 크레인과 선가대는 이제 재발명되어 이동성을 경축하는 공간으로 사용되고 있다. NDSM에서는 모든 것이 일시적이고 임의적이다. 페리와 수상 호텔들, 선적용 컨테이너들, 예술가들을 위한 스튜디오의 실내 장식들, 그라피티들, 심지어 최근에 지어진 건축물마저도 모두 그렇다. 이는 설계의 결과라기보다는 우연의 결과에 가까우며, 현대 노동 문화에서 비격식성이 갖는 힘을 상징한다. 변화를 불가피한 것으로 볼 뿐 아니라, 그 변화의 이미지 속에서 자신들의 환경을 만들고자 하는 새로운 노동 문화 속에서 프로세스가 승화되었다고도 말할 수 있을 것이다.

NDSM의 건축물들이 모두 흐름과 변화와 연관되어 있다는 점에서 산업 노동은 암스테르담의 문화를 살펴보는 훌륭한 출발점이지만, 암스테르담의 문화를 살피는 데 더 유용한 참고점은 빈집점거운동이다. 빈집점거운동은 사용되지 않는 건물을 임시로 점거하여 주거나 일에 사용하는 실천이다. 암스테르담은 빈집점거운동이 전 세계에서 가장 활발한 도시 가운데 하나로, NDSM은 1980년대와 1990년대 암스테르담 빈집점거운동의 중심지였다. 이와 같은 빈집점거 문화는 이후 NDSM이 암스테르담 창조노동의 중심이 되는 데 큰 영향을 미쳤다. NDSM은 지금도 빈집점거 문화의 영향이나 태도를 많은 부분 간직하고 있다. 영국 사진작가 데이브 카스미스는 빈집점거운동이 이루어지던 1970년대 후반부터 1990년대 중반까지 NDSM이 변화하는 모습을 상세히 기록했다.[19] 그의 사진을 보면 당시의 NDSM은 버려진 황폐한 공간이기도 하고, 상상력을 자극하는 매혹적인 공간이기도 하다. 사진 속 NDSM은 마치 이 세상이 아닌 다른 어느 세상을 찍은 것처럼 낯설게 보인다. 견고하고 단단해 보이는 산업용 건물들과 다 쓰러져 가는 낡은 집들의 대조가 선명하다. 빈집점거가 활발했던 베스테르독 지역을 찍은 '창고들De Loods'이라는 제목의 연작 사진들을 보면 점거지역이 계속 다른 무언가로 변화해가고 있는 모습이 잘 나타나 있다. 꾀죄죄한 잿빛 창고들이 버려진 채 죽 늘어서 있고, 그 앞에 낡은 자전거나 트럭이 대충 세워져 있다. '공식적'인 세계로부터 버려진 세계, 그 버려진 세계가 다시 빈집점거운동 참가자들에 의해 일시적으로 점유된 세계의 모습이 잘 담겨 있다. 창고 앞에 무성하게 자란 풀들은 도시 공간을 전원 공간처럼 보이게 만든다.

이런 환경에서 생존하려면 강인해야 한다. 하지만 이때 필요한 것은 NDSM의 물리적 강인함 같은 것만이 아니다. 필요한 것은 기지, 회복 능력, 혁신성과 같은 정신적 강인함이다. 빈집점거운동을 긍정적으로 다루는 이야기들에는 이런 정신적 강인함을 지닌 뛰어난 인물들이 자주 등장했다. 문화의 주변부를 차지하고 있던 이런 이들이 이제는 창조문화의 중심을 차지하게 되었다. 이 '창조적 주체'들은 이제 '혁신을 향한 집단적 노력의 리더가 되었다. 그들은 계산적, 도구적 이성의 인물이 아닌 행동을 위한 새로운 가능성을 생산하는 인물로 칭송된다.[20] 즉, 1970년대의 빈집점거운동을 하던 이들 사이에서 발견되던 특징이 과거와는 달리 이제는 '창조적'인 것으로 칭송되고 있는 것이다. 과거 국가에 비판적이었던 문화적 실천의 태도와 기술이 시대가 변하면서 국가가 주도하는 도시 정책의 중심을 차지하게 되었다.

이런 창조적 주체 가운데 한 명의 이야기를 들어보자. NDSM을 다룬 다큐멘터리 〈창조성과 자본주의 도시〉[21]에 등장하는 암스테르담의 예술가 바트 스튜어트는 NDSM을 일상적인 세계가 아닌 '예술 도시'라고 묘사한다. 그러면서 그는 암스테르담에서 예술가들이 하는 일이 모두 국가가 진행하는 암스테르담 재생 프로젝트의 임무로 흡수되는 상황을 우려한다. 그가 원래 NDSM에 매혹되었던 것은 그곳에는 모든 것이 가능한 유토피아적 감각, 무엇인가를 계획하지 않아도 상상했던 일들이 자연스럽게 일어나는 가능성이 있었기 때문이라고 말한다. 그는 현재 상황을 다음과 같이 비판한다. "시나 국가는 도시를 자신들이 기획하고 계획해서 만드는 프로젝트라고 생각하죠. 하지만 도시는 자연스럽게 생겨나는 것입니다. 사무실에 앉아 여기는 어떻게 하고 저기는 어떻게 해야지 하고 계획해서 도시가 만들어지는 것이 아닙니다."[22] 다큐멘터리에 등장하는 다른 예술가들과 마찬가지로 스튜어트는 자신이 어떤 일을 하는지에 대해서 구체적으로 이야기하지 않는다. 예술가들의 '일'은 시민으로서 창조적인 주체가 되는 일, 그 자체인 것이다. 명백한 것은 국가와 같은 지배적인 문화에 비판적인 이들인 예술가들을 이제는 국가가 도시 정책의 일부로 흡수하고 있다는 점이다. NDSM은 과거 배를 생산했지만, 이제는 예술가를 생산한다. 창조도시에서 일은 이제 곧 놀이이기 때문이다.

창조노동: 암스테르담 더 퀴블

NDSM에서 이 놀이는 예술가들의 작업실에서 벌어지는 놀이로, NDSM에는 이런 작업실이 마치 벌집처럼 수백 개나 들어서 있다. 이들은 대부분 공장이나 사무실에서 일하는 노동자들과 달리 9시에 출근해 5시에 퇴근하는 루틴을 따르지 않고, 프로젝트에 기반해, 단기간씩 혼자 작업한다. 이런 환경은 노동의 틀뿐만 아니라 노동의 이미지도 함께 창조한다. 암스테르담시는 창조산업이 등장하자마자 이 산업에 가장 빨리 관심을 가진 도시 가운데 하나다. 암스테르담시가 창조산업을 지원하는 공식적인 제도는 2000년부터 시행되고 있는 문화예술 인큐베이팅 프로그램인 '브룻플라천'이다.[23] 이 프로그램에 대한 주요 문서인 네덜란드 주택도시개발부가 발행한 『창조도시 백서Creative Steden!』를 보면 암스테르담시가 도시 문제를 그저 유행에 따라 접근하려 했던 것이 아니라, 향후 생성될 도시 담론을 일찍부터 고민하고 있었음을 알 수 있다. 당시는 리처드 플로리다가 『창조계급의 부상』[24]을 낸 때였다. 플로리다는 네덜란드에서 일어나고 있는 도시 정책의 문화적, 경제적 변화를 높이 평가했고, 암스테르담을 네덜란드의 창조 수도로 승인했다.[25] 이에 고무된 암스테르담시는 2003년 플로리다를 암스테르담시가 주최한 '창의성과 도시' 콘퍼런스에 초청했다. 암스테르담시는 플로리다 한 명에게 하루 무려 5만 달러나 되는 경비를 지출하며, 그를 극진히 대접했다.[26] 콘퍼런스의 행사장이 웨스터가스패브릭 문화공원Westergasfabriek이었다는 점은 주목할만하다. 이 공원이 과거 가스공장 터를 문화공원으로 바꾸어 사용하고 있는 곳이라는 점에서 창조성으로의 전회creative turn를 상징하기 때문이다. 하지만 암스테르담시의 창조성으로의 전회가 지닌 고유한 지점은 그 전회가 이미 이전부터 존재하고 있던 실천들에 크게 기반하고 있다는 데 있다. 지리학자 제이미 펙이 지적하듯, "암스테르담시의 경우 창조도시라는 각본은 수입된 개념이기도 하지만 원래부터 암스테르담시에 존재하고 있던 것의 (재)발명이기도 하다. 이는 암스테르담에 긍정적인 메시지를 던진다. 도시를 이끄는 이들이 문화를 경축하면서도 동시에 성장을 이끌 수도 있다는 말이기 때문이다".[27]

이때 이미 이전부터 존재하고 있던 실천이란 빈집점거운동이다. '브룻플라천' 프로그램의 원형은 이 운동에 있다. 암스테르담의 빈집점거운동은 1970년대 시작한 후, 1999년 빈집점거운동 그룹 '자율 공간De Vrije Ruimte'과 경찰 사이에 일련의 과격한 대치를 겪은 후 크게 변모했다. 이때를 기점으로 빈집점거운동은 혁명적 접근법에서 벗어나 절충과 개혁으로 나아갔다. 빈집점거운동의 참가자들은 시와 협력하기로 약속했고, 그 대가로 일정한 자율성을 얻었다. 시는 그들에게 일정한 자율성을 부여했다. 이는 양쪽 모두에게 이득이었다. 빈집점거운동 참가자들은 어느 정도의 안정성을 보장받을 수 있었고, 시는 적은 비용으로 도시를 재생할 수 있었다(1980년대 중반 런던시도 빈집점거운동에 대체로 관용적이었는데 그 이유도 빈집점거운동 참가자들이 도시를 파괴하기보다는 주변 환경을 스스로 보살필 것이라는 기대가 있었다는 데 있다[28]). 암스테르담시는 2000년 브룻플라천 프로그램을 시작했다. 첫 단계로 4500만 유로를 투입해 100여 채에 달하는 사용되지 않는 건물들을 새롭게 사용하고, 예술가들의 '창조산업 스타트업'과 같은 문화적 활동을 지원하기 시작했다.[29] 이처럼 시에 적대적이었던 빈집점거운동은 브룻플라천 프로그램을 통하면서 암스테르담시의 무기로 바뀌었다. 암스테르담시의 부룻플라천 부서는 홈페이지를 통해 브룻플라천 정책의 역사와 함께 암스테르담시가 제공하는 빈 공간에 입주할 수 있는 방법을 자세히 설명하고 있다.[30]

빈집거주운동의 포용은 결국 암스테르담시에도 큰 이득이 되었다. 암스테르담시는 창조도시가 되기 위해 어차피 빈집거주운동의 창조적 요소를 받아들여야 했다. 그 창조적 주체들이 암스테르담시가 추진하는 도시 정책의 정당성을 확보해주기 때문이다. 물론 빈집거주운동을 실천하는 이들이 모

사진 5.6

암스테르담 NDSM 지역의 더 퀴블. 네덜란드 건축설계사 스페이스 & 매터의 설계로 2014년 완공되었다.(2016년 사진)

두 암스테르담시의 움직임을 반긴 것은 아니었다.[31] 그들 사이에서도 시의 정책을 받아들이고자 하는 이들과 시의 정책을 비판적으로 보는 이들이 나뉘었다.[32] 하지만 어쨌든 이제 NDSM은 MTV나 페르노리카와 같은 글로벌 기업의 사무소가 있는 중요한 지역이 되었고, 암스테르담은 NDSM을 통해 세계도시로 거듭났다. 과거 빈집거주운동과 암스테르담시의 관계가 전형적인 대립 구도였다면, 창조도시라는 새로운 패러다임 속에서는 양쪽 모두가 일정한 이익을 얻게 된 것이다.[33]

창조도시의 구체적인 모습이 어떠한가는 암스테르담에

서 분명 흥미로운 질문이다. 그 한 이미지는 수많은 예술가들의 작업실이 들어서 있는 NDSM의 모습이다. 또 다른 창조도시의 이미지를 가진 지역 역시 '부룻플라천' 프로그램의 지원을 받고 있는 곳으로, NDSM에서 동쪽으로 2킬로미터 떨어진 판 하설트 운하에 위치한 더 퀴블De Cuevel이다. 암스테르담시는 더 퀴블 지역을 재생할 수 있는 방안에 대해 아이디어를 낸 시민들에게 10년간 땅을 무상임대하고 지원하기로 했다. 시민들은 시의 지원을 받아 버려진 보트를 개조하여 그 위에 선상 사무실을 짓고, 오염된 토양을 처리하는 정화 시설을 고안했다. 더 퀴블 지역은 곧 창조산업 스타트업들이 가득한 지역이 되었다. 이곳에서는 모든 것을 재활용한다. 토양은 정화 기능을 지닌 식물에 의해 정화된다. 빗물도 버려지지 않고 재활용된다. 바이오가스도 자체 생산된다. 더 퀴블은 NDSM과는 조금 다르다. 거대한 조선소 건물을 활용한 NDSM이 튼튼하게 고정된 육중한 느낌을 자아낸다면, 버려진 보트들을 선상 사무실로 만든 더 퀴블 지역에서는 모든 것이 일시적이고 떠다니는 분위기를 조성한다. 보트들은 어느 때라도 멀리 떠내려갈 것 같고, 지역 개발도 언제라도 중단될 수 있을 것처럼 보인다. 물론 그런 일이 일어날 가능성은 낮다. 하지만 중요한 것은 그 강력한 이미지다. 더 퀴블 프로젝트를 진행한 메타볼릭사의 대변인은 더 퀴블이 가지고 있는 낭만적인 이미지를 이렇게 표현한다. "더 퀴블의 보트들은 각자 자신만의 이야기를 하나씩 가지고 있어요. 이런 이야기들이 사람들의 마음을 이끌어요. 한때 사용되었다가 더 이상 쓰이지 않는 보트들에는 낭만적인 구석이 있지요. 놀라운 점은 이 보트들이 얼마 전까지만 해도 처치 곤란한 쓰레기에 불과했다는 것입니다."[34] 더 퀴블은 한편으로는 놀이의 이미지,[35] 모험심을 자극하는 환상적 공간의 이미지를 가지고 있다. 하지만 다른 한편으로는 매우 심각한 이미지도 가지고 있다. 더 퀴블은 오염된 토양과 오수를 정화할 수 있는 특수 식물들을 심어야 할 정도로, 기본적으로 오염된 땅이다. 그뿐만 아니라 보트들은 어느 순간 하루아침에 떠내려갈 수도 있을 것 같은 이미지를 가지고 있다(이는 향후 높아진 수심에 의해 물에 잠길지도 모르는 네덜란드의 이미지와도 겹치는 부분이 있다). 더 퀴블의 이미지는 고정되고 영구적인 이미지가 아니라, 언제라도 떠내려갈 수 있는 일시적인 이미지, 강인한 이들만 생존할 수 있는 공간의 이미지다. 이는 네덜란드 전체의 이미지와도 조응한다.

지그문트 바우만은 급격하게 변화한 현대 노동 환경에 대해 이렇게 쓴다. "이제 노동의 공간은 일종의 캠프장처럼 되었다. 사람들은 필요한 일터 공간에 필요한 기간만큼 머물다가, 그곳의 용도가 사라지면 다른 일터 공간으로 이동한다." 이동성 역시 노동의 중요한 요소가 되었다. "둔중한 기계와 육중한 공장과 달리, 자본은 서류철, 노트북, 이동전화가 든 가벼운 가방 한 개와 함께 빛과 같은 속도로 이동한다."[36] 교환의 대상도 이제는 "물질적 대상material object"이 아니라 "개념ideas"이다. 또, "이동의 속도가 사회 계층화의 가장 중요한 요소가 되었다".[37] 더 퀴블은 바우만의 관찰에 완벽히 부합하는 도시다. 또는 노동의 변화가 더 퀴블의 모습에 영향을 주었다고 말할 수 있을 것이다. '노동'이라는 동적인 프로세스는 하나의 도시를 완전히 바꾸어놓음으로써 '설계'라는 관념을 완전히 무화한다. 우리가 할 수 있는 것은—더 퀴블의 보트들처럼—그저 떠 있는 것뿐이리라.

캘리포니아 드리밍: 할리우드와 창조산업

암스테르담의 사례는 창조도시에 대한 유럽적인 이미지, 더 구체적으로 말하자면 한때 국가의 도시정책에 비판적인 실천을 제도가 포용한 네덜란드적인 이미지다. 하지만 이 네덜란드적인 이미지는 세계 어디에서나 볼 수 있는 이미지가 되었다. 폐건물을 리노베이션해서 만든 사무실에서 노트북 하나 들고 열심히 일하는 창조노동자의 모습은 에이강 북쪽 어디에서나 볼 수 있고, 이제 세계 어디에서도 볼 수 있는 모습이다. 하지만 이와 똑같이 놀라운 또 다른 창조도시의 이미지가 있다. 그 이미지를 창출하는 곳은 캘리포니아다. 우리는 캘리포니아를 더 잘 이해하기 위해서, 또 이런 창조도시의 이미지가 얼마나 오래 전부터 캘리포니아에 존재해왔는지를 확인하기 위해서 영화 한 편을 먼저 살펴보려고 한다. 다소 놀라울 수 있겠지만 그 영화는 1950년에 제작된 빌리 와일더 감독의 〈선셋 대로〉다. 〈선셋 대로〉는 한때 대스타였던 여배우의 쇠락, 그리고 한 살인사건에 대한 이야기다. 동시에 이 작품은 영화 산업의 거대한 변화를 그리고 있는 영화이기도 하다. 그전까지 영화는 강력한 할리우드 스튜디오들이 수직적으로 통합된 제작 과정을 통해 영화 제작의 처음부터 끝까지 담당하던 할리우드 스튜디오 시스템으로 제작되었다. 하지만 1940년대 후반 스튜디오 시스템이 붕괴하면서 스튜디오는 다른 곳에서 수평적인 제작 과정으로 만들어진 영화를 관리만 하는 역할을 맡게 되었다. 영화학자 재닛 스타이거가 지적하듯이, 이때부터 영화는 같은 영화사의 동일한 전속 스태프들에 의해 진행되는 작업이 아닌 '매 작품마다 예산과 노동이 새롭게 구성되는, '프로젝트별 작업'이 되었다.[38] 스튜디오 시스템의 붕괴는 말하자면 영화계의 포드주의가 붕괴한 사건이었다. 이제 영화 작업은 장기적이고 영구적인 스튜디오 중심의 작업이 아니라, 단기적이고 일시적인 프로젝트 중심의 작업이 되었다. 1950년대 이후 영화를 한다는 것은 자기가 하고 싶은 작품을 다른 이들에게 어필하는 일을 끊임없이 반복하는 것이다. 빌리 와일더는 이 변화를 누구보다 잘 이해한 사람이었다.

〈선셋 대로〉는 지금까지 나온 영화 가운데 가장 위대한 도시 영화이기도 하지만, 또한 이른바 '창조노동자'의 불안정한 노동 환경을 정밀하게 분석하는 영화이기도 하다.[39] (또한 예술가의 창조성을 낭만적으로 교정하는 영화이기도 해서, 예술가의 일이 영화평론가 로저 이버트의 말대로 "분통 터지는 일들로 가득한 극단적인 노동"임을 잘 보여준다.[40]) 주인공은 시나리오 작가 조 길리스(윌리엄 홀든 분)와 은퇴한 왕년의 대배우 노마 데스몬드

(글로리아 스완슨 분)다. 슬럼프에 빠져 생활고에 시달리는 조는 무성영화 배우로 최고의 인기를 누렸던 노마에게 각본을 의뢰받는다. 조는 이를 큰 기회라고 여겨, 노마의 일방적인 구애를 요령 있게 받아낸다. 영화는 창조노동이 얼마나 불안정한 환경에서 이루어지는지 잘 보여준다. 영화 속 할리우드는 불안정함 그 자체다. 아파트와 자동차가 모두 채권자에게 넘어가기 직전인 조는 당시 영화인들의 아지트였던 상점 슈왑스 파마시Schwab's Pharmacy가 마치 자신의 사무 공간이라도 되는 것처럼, 그 한 켠에 앉아 그곳에 오는 영화인들에게 자신이 쓴 시나리오를 끊임없이 홍보한다. 시나리오를 쓰다가 막힐 때는 선셋 대로를 정처 없이 배회한다. 이 냉정한 할리우드에서 모든 것은 일시적이고 임시적이다. 인간관계조차 일을 위한 관계일 뿐이다. 이 어두운 블랙 코미디에서 유일한 출구는 죽음이다.

〈선셋 대로〉는 영화 산업이 어떻게 캘리포니아라는 도시에 영향을 미쳤는지를 보여준다. 이를 가장 잘 보여주는 부분은 조가 슈왑스 파마시에서 일하는 장면이다. 슈왑스 파마시는 선셋 대로 8024번지에 실제 있었던 상점으로, 할리우드의 많은 시나리오 작가들과 배우들이 모여드는 명소였다. 영화 속에서 조는 자신의 사무실도 아닌 이곳에서, 끊임없이 할리우드 제작자들에게 전화를 걸어 자신의 시나리오를 홍보한다. 하지만 이 공간이 그의 사무실이 될 수 있는 것은 그가 술을 사 마시고, 술값을 지불하는 잠깐뿐이다. 불안정성의 모습 그 자체다. 캐주얼한 작업 환경에서 잘 알지도 못하는 원거리에 있는 누군가에게 자신의 작업이 가지고 있는 가치를 끊임없이 설득시키는 모습은 지금 시대의 '창조' 노동자들의 모습과 크게 다르지 않다. 미국의 경제학자 리처드 케이브스는 창조 부문에 내재한 이런 불안정함을 『창조산업』이라는 책에서 잘 설명한다. 케이브스는 창조산업은 자본 성장의 가능성도 무척 크지만, 마찬가지로 위험도 큰 산업이라고 서술한다. 그리고 창조산업이 갖는 특징으로 '시장 반응 예측 불가nobody knows', '예술을 위한 예술art for art's sake', '무한한 변형 가능성infinite variety', '적시성time flies', '일류와 이류의 원칙A list/B list', '혼성의 조직motley crew', '영구성ars longa' 등을 든다.[41]

이 특징들은 창조라는 체제의 지배를 받는 도시의 외관에 직접적인 영향을 미친다. '시장 반응 예측 불가'의 원칙은 수요를 미리 예측하여 그에 맞게 공급을 결정할 수 있는 제조업과는 반대로 소비자의 반응을 예측하는 것이 불가능한 세계를 의미한다. 이 원칙은 불필요한 잉여와 낭비로 이어지기도 하지만, 동시에 실용주의로 이어져서 현재 가지고 있는 자원을 최대한 활용하는 자세로 이어지기도 한다. 사무실이 없는 조가 슈왑스 파마시를 자신의 자원으로 활용하는 것처럼 말이다. '적시성'의 원칙과, 다양한 전문성을 가진 인력으로 구성된 이상적인 팀이 필요하다는 '혼성의 조직' 원칙도 도시의 인구에 영향을 미치는데, 이는 매 프로젝트의 필요에 맞게 새로 구성되는 팀을 짤 수 있는 자기조직적이고 집중된 인력 풀이 있어야 함을 의미하기 때문이다. 할리우드에서 살아남는 것이 아무리 어렵다 하더라도, 시나리오 작가를 비롯해 영화 산업에 종사하는 이들이라면 케이브스가 지적하듯 "거래자가 현재 가지고 있는 관심사를 신속히 파악하기 위해서라도 로스앤젤레스를 자신의 근거지로 삼아야 한다. 그들의 관심은 매우 빨리 변하기 때문이다".[42] 이렇게 서로 한곳에 모여 있어야 하는 상황은 20세기 후반부터 지금까지 이어지고 있는 한 가지 예상치 못한 현상 하나를 설명해준다. 그것은 바로 미국 저널리스트 앨런 에런홀트가 '거대한 도심 회귀 현상'이라고 이름 붙인 현상이다. 가치는 높지만 불안정한 창조노동의 성장이 원인이 되어 이전 같았으면 공동화되었을 도심에 다시 인구가 집중되는 것이다.[43] 창조산업으로 인해 사람들이 몰리게 된 곳들은 리처드 플로리다가 주장한 창조계급의 등장을 뒷받침한다.

창조산업이 만든 도시의 변화는 영화뿐 아니라 텔레비전 작품의 소재가 되기도 한다. 시트콤 〈사인펠드〉는 주인공 사인펠드의 불안정한 삶을 중심으로 펼쳐진다. 코미디언인 사인펠드는 매 에피소드에서 텔레비전 제작자들 앞에서 자신의 코미디를 끊임없이 어필한다. 이 시트콤 속에서 사인펠드의 삶은 끊임없는 유예 상태에 있다. 로스앤젤레스 세트장에서 제작된 〈사인펠드〉는 로스앤젤레스의 삶, 휴식이 결여된 채 끊임없이 움직여야 하고, 물리적, 윤리적 구심점이 없는 로스앤젤레스를 은유하고 있는 듯이 보인다. 여러 면에서 로스앤젤레스는 오늘날 노동의 세계를 잘 보여주는 원형적 도시라고 할 수 있다.

실리콘밸리의 풍경

창조산업을 주창한 학자들이 창조산업에 첨단산업을 포함하면서, 샌프란시스코는 창조 지수가 가장 높은 도시 가운데 하나로 떠오르게 되었다. 첨단산업에서 일하는 이들도 과거에는 자신들을 엔지니어라고 여겼지만, 최근에는 점점 더 많은 이들이 자신을 '창조 노동자'로 여기고 있다.[44] 첨단산업의 중심지는 101 고속도로를 따라 샌프란시스코에서 산호세로 이어지는 캘리포니아 북부 지역, 즉 우리가 실리콘밸리라고 부르는 곳이다. 실리콘밸리라는 이름은 1971년 업계 주간지《일렉트로닉스 뉴스》가 이 지역을 반도체 회사가 몰려 있는 곳이라고 해서 그렇게 부른 것이 유래다. 이 이름이 굳어진 것은 자연스러운데, 지식 자본이라는 측면에서 실리콘밸리보다 더 많은 지식 자본을 생산하는 곳은 없을 것이기 때문이다. 실리콘밸리는 1인당 경제 소득이 세계에서 가장 높은 곳 가운데 하나다.[45] 하지만 실리콘밸리를 방문하는 경험은 전통적인 도시를 방문하는 경험과는 전혀 다르다. 이른바 실리콘밸리의 수도는 산타클라라 카운티의 산호세라고 하지만, 마운틴뷰, 팔로앨토, 프리몬트도 실리콘밸리의 행정적, 정치적 중심의 역할을 맡고 있다. 스탠퍼드 대학교 일대는 정치적, 경제적 중심의 역할을 수행한다. 실리콘밸리의 인구는 2015년 기준 300만 명으로 현재도 계속 증가하고 있다. 실리콘밸리는 권력, 기관, 공항, 산업 등 도시가 갖추어야 할 요소들은 모두 갖추고 있기는 하지만, 전통적인 의미에서의 지리적 중심이 없다는 점에서 기존 도시들과는 전혀 다르다. 실리콘밸리에는 기념비적 건축물도 없고, 팔로앨토 지역에 잘 보존되어 있는 역사 마을 정도를 제외하면 시민을 위한 공적 공간이라 할 만한 곳도 없다. 실리콘밸리의 대부분을 차지하는 것은 첨단산업 기업이나 기관의 시설이다. 이 중 나사의 에임스연구센터와 같은 일부 시설은 군사시설을 갖추고 있고, 일부 첨단산업 기업(이를테면 애플)은 준군사시설을 갖추고 있다. 실리콘밸리에는 또 2차대전 직후 건설 붐 시기에 지어진 방갈로 양식의 주택들이 늘어선 평범한 교외 지역도 있다. 마운틴뷰에 있는 구글플렉스처럼 시민 공간과 유사한 공간을 제공하는 것 같지만 본질적으로는 민간 기업 단지인 곳도 있다. 실리콘밸리는 도로로 잘 연결되어 있어 교통 사정이 좋을 때는 15~20킬로미터 떨어진 도시들 사이도 금방 이동할 수 있지만, 차 이외에는 도시 사이를 이동할 수 있는 수단이 거의 없다. 이렇듯 실리콘밸리는 특이한 장소이고, 전통적인 도시 이상의 곳이다. 실리콘밸리가 지닌 이런 특이점들은 그곳에서 행해지는 노동이 첨단산업 지향적이라는 사실과 관계가 깊다. 실리콘밸리 문화에 지대한 영향을 미친 것은 스탠퍼드 대학교의 컴퓨터 과학자들이 했던 작업, 그리고 특히 컴퓨터 과학자 프레드 무어가 1975년 결성한 컴퓨터광들의 모임 홈브루 컴퓨터 클럽Homebrew Computer Club이다.[46] 홈브루 컴퓨터 클럽의 회원 중에는 엔지니어이자 히피 문화의 대부였던 스튜어트 브랜드도 있었는데 그는 컴퓨터 사용이 해방된 미래를 여는 열쇠라는 생각을 널리 퍼뜨렸다. 1960년대의 대항문화 정신을 이어받은 그들은 대형 컴퓨터를 소형화하여 개인도 마음대로 컴퓨터를 이용할 수 있도록 하는 작업이 곧 국가와 기업의 권력을 효과적으로 공격하는 일이라고 생각했다. 홈브루 컴퓨터 클럽의 문화는 실험실 중심적이었고, 일종의 대항문화 운동처럼 전복성을 띠었다. 홈브루 컴퓨터의 클럽의 이런 노동문화는 현재 실리콘밸리 모습의 상당 부분을 잘 설명해준다.

실리콘밸리에는 일반적인 도시에서 볼 수 있는 기념비적인 건축물과 공적 공간이 부재하는 대신, 이와는 다른 종류의 어떤 구조물들이 지역 전체에 분포되어 있다. 건축적으로 보자면 이들은 모두 특별히 눈에 잘 띄지 않는 것들이다. 첫번째이자 가장 중요한 구조물은 차고garage다. 휴렛팩커드도, 애플도, 구글도 모두 차고에서 탄생했다. 그중에서 가장 잘 알려진 차고는 물론 스티브 워즈니악과 스티브 잡스가 애플을 탄생시킨 차고일 것이다. 두 스티브는 이곳에서 파격적인 개인용 컴퓨터 애플을 발명했다. 그들의 차고는 보통의 차고와 다를 바 없는 작고 눈에 띄지 않는 공간이었다. 월터 아이작슨이 쓴 스티브 잡스의 전기를 보면, 잡스는 아버지의 차고를 애플의 회로 기판을 만드는 '제작 본부'로 사용한다. "잡스는 차고에 긴 작업대를 놓았고, 석고보드를 새로 댄 벽에 컴퓨터 설계도를 붙였으며, 부품들을 넣어둘 수납함을 설치한 후 이름표를 달아두었다. 또, 회로 기판을 높은 온도에서 밤새 작동시키는 테스트를 할 수 있도록 발열 램프를 설치한 번박스도 만들었다."[47] 차고야말로 실리콘밸리의 신화이자 토대인 원형적 공간이라 해도 과언이 아닐 것이다. 실리콘밸리에서 차고는 차고 이외의 다른 용도로 개조되어 사용되는 공간이다. 또, 우리가 일반적으로 이해하는 도시 공간과 반대되는 공간이기도 하다.

실리콘밸리에서 중요한 의미를 지니는 두 번째 구조물은 방갈로 양식의 주택들이다. 방갈로 주택은 실리콘밸리 교외 지역의 기본적인 주택 형태로, 2차대전 이후 낮은 이자의 주택융자를 받아 지어진 단독 주택이다. 방갈로 주택은 실리콘밸리의 도시 풍경을 그 어떤 종류의 건물보다도 잘 정의하는 건물이며, 또한 전형적인 도시적 건물의 이미지를 벗어나는 건물이다. 차고가 보통 차고 이외의 다른 목적으로 사용되는 것처럼, 방갈로 주택 역시 다른 목적으로 사용되기도 한다. 마이크 저지가 제작한 미국 드라마 〈실리콘밸리〉의 무대가 바로 이 방갈로 주택이다.[48] 이 드라마에서는 여러 명의 프로그래머 친구들이 1960년대 지어진 방갈로 주택에서 동고동락하며 성공의 기회를 붙잡기 위해 고분 고투한다. 이 젊은 프로그래머들에게 방갈로는 기숙사이자 동호회이고, 사무실이자 인큐베이터다. 이들의 방갈로는 아직 자신의 사무실을 마련하지 못한 이들, 거대한 첨단산업 기업에 취직하지 못한 젊은 노동자 계급 프로그래머들의 노동 공간이다. 엥겔스는 『영국 노동계급의 상황』에서 맨체스터의 슬럼 지역 '리틀 아일랜드'에 대해 자세히 분석한 바 있는데, 말하자면 이 시트콤의 방갈로는 '리틀 아일랜드'의 현대판 버전, 젊은 프롤레타리아 프로그래머들의 노동 공간인 것이다(《이코노미스트》 기사에 따르면, 2018년 실리콘밸리 서니베일 지역의 침실 두 개가 딸린 평범한 방갈로 주택이 시장에 나온 지 이틀 만에 200만 달러에 팔리며 실리콘밸리 시세의 신기록을 세웠다고 한다. 이는 평균적인 미국 집값의 네 배에 달하는 가격이다. 방갈로 주택에 여러 명이 모여 사는 〈실리콘밸리〉의 설정이 일반적이지는 않다 하더라도, 이런 실리콘밸리의 주택 시장 때문에 이는 곧 현실이 될 수 있다).[49]

〈실리콘밸리〉에는 구글을 모델로 하는 가상의 기업 훌리와 그 캠퍼스가 자주 배경으로 등장한다. 실리콘밸리의 세 번째 구조물은 바로 이런 거대 기업의 캠퍼스다. 실제 실리콘밸리에서는 기업의 캠퍼스들이 대부분 건축적인 특징 없이 지역 전체에 흩어져 있다. 모두 낮은 건물들이고 뚜렷한 개성을 드러내지 않는다. 이 캠퍼스들에 자리한 건물들은 외부의 시선을 거부하거나 그렇지 않으면 그저 시선에 자신을 내맡긴다. 거대 기업 구글이 임대하거나 소유하여 사용하고 있는 30여

사진 5.7

마운틴뷰 구글 본사. 클라이브 윌킨슨의 설계로 2005년 완공되었다. (2014년 사진)

개의 건물로 이루어진 마운틴뷰 캠퍼스는 조금 다르다. 이 건물들도 대부분 눈에 잘 띄지 않고, 기존에 있던 건물을 개조한 것이다. 하지만 마운틴뷰 앰피시어터 파크웨이에 위치한 구글의 세계 본사 '구글플렉스'는 예외적으로 외부와 접촉면은 만들고자 시도한다. 구글플렉스에는 외부인도 출입할 수 있는 공간들이 있다. 캠퍼스를 돌다 보면 구글플렉스에 있는 수천 명의 구글 직원들에 걸맞은 수의 보안요원들이 여기저기에서 걸어다니고 있는 것을 볼 수 있다. 직원들이 가꾸는 텃밭과 무료로 제공되는 푸드트럭도 보인다. 요가 수업이나 영화 상영을 알리는 포스터들을 보면 어느 기업의 본사에 온 것이 아니라 대학 캠퍼스에 온 것 같은 느낌이 든다. 대학 같은 분위기는 건물 내부도 마찬가지다. 다양한 인종으로 구성된 젊은 직원들이 벽이나 파티션 없이 탁 트인 넓은 사무실에 흩어져 앉아 일하고 있고, 중간중간의 화이트보드에는 플로차트와 네트워크 다이어그램이 그려져 있다. 직원들이 붙여 둔 그림엽서와 포스트잇 메모들, 먹다 남겨진 채로 책상 위에 놓여 있는 케이크 접시, 모두 캐주얼한 분위기다.[50] 구글플렉스에는 즐겁게 놀 수 있는 공간의 분위기가 있다. 건물의 리셉션에는 커다란 미끄럼틀이 있어, 여러 방문객은 미끄럼틀에서 사진을 찍느라 바쁘다. 탁구대도 여러 군데에 놓여 있다. 이따금 보이는 보안요원들이나 구글 로고가 선명한 자전거들만 아니라면, 예술대학 캠퍼스라고 해도 그럴듯한 공간이다.

실리콘밸리에서 넷째로 중요한 구조물은 서버 팜server farm이다.[51] 인터넷의 역사는 그 인터넷을 지지하는 물리적 인프라의 역사이기도 하다. 우리는 흔히 인터넷을 정보의 네트워크라고만 생각하지만, 인터넷은 실은 하드웨어의 네트워크이기도 하다. 인터넷이 가능하려면 수많은 컴퓨터 서버를 네트워크로 연결해야 한다. 이렇게 컴퓨터 서버를 연결하여 모아 놓은 곳을 서버 팜이라고 한다. 서버 팜에는 서로 네트워크로 연결된 컴퓨터 수천 대가 표준 규격인 19인치 랙에 장착되어 있다. 여기서 그치는 것이 아니다. 전력이 나갈 경우를 대비해 이와 동일하게 배열된 수천 대의 컴퓨터를 한 세트 더 마

사진 5.8

샌프란시스코 하이트 스트리트에서 대기 중인 구글 버스. 구글 버스는 2010년대 실리콘밸리의 경제적 식민화의 상징이다.(2014년 사진)

사진 5.9

마운틴뷰, 구글 본사.(2014년 사진)

련해야 한다. 여기서 발생하는 열은 상당할 수밖에 없다. 서버 팜에서 사용되는 에너지 가운데 60퍼센트는 냉각에 사용된다. 이런 이유로 여러 기업은 서버 팜을 날씨가 춥고 재생에너지가 풍부한 곳에 설립하여 경비와 에너지를 줄이고자 한다. 이런 목적에 부합하는 곳으로는 캐나다 북부와 아이슬란드가 자주 거론된다.[52]

하지만 특별히 자신을 내세우지 않는 이 네 가지 구조물들은 아직까지는 여전히 실리콘밸리에 많이 있으며, 〈실리콘밸리〉와 같은 드라마에도 중요한 배경으로 등장한다. 건축 이론가들은 이 거대하지만 잘 보이지 않는 구조물들이 지니고 있는 건축적 숭고함을 고찰한다.[53] 레이너 밴험이나 마틴 폴리와 같은 이들은 이미 인터넷 이전에 앞으로 도시들이 인간의 개입 없이 재화와 서비스와 정보가 움직이는 자동화된 풍경이 될 것이라고 예견했다. 폴리는 노동의 미래를 고찰하는 『최후의 건축』에서 '최후'의 의미를 끊임없이 숙고하며, 미래에는 건축이 존재할 이유가 없어질 것이라고 예언한다. 폴리는 역사적으로 세계의 중심 역할을 했던 런던 같은 도시는 더는 그런 역할을 수행하지 않게 될 것이며, 인간의 삶은 완전히 다른 곳에 위치하게 될 것이라고 쓴다.[54]

세상을 떠난 폴리가 지금의 실리콘밸리의 모습을 본다면 실리콘밸리야말로 자신이 생각한 그런 미래라고 생각했을 것이다. 폴리가 즐겁게 받아들였을 아이러니가 있다면, 그것은 샌프란시스코라는 오래되고 중요한 도시가 이제는 실리콘밸리의 교외 지역과 그 역할이 역전되었다는 것이다. 2000년대 이후 실리콘밸리에 고소득 IT 직종이 증가하면서, 샌프란시스코에는 부동산 붐이 불었다. 샌프란시스코에서는 이제 매일 아침 IT 기업에서 일하는 이들을 50킬로미터 남쪽에 있는 실리콘밸리로 실어 나르는 통근 버스들을 보는 것이 일상이 되었다.[55] 샌프란시스코는 주거하는 도시와 노동하는 도시가 완전히 분리되는 세계도시의 일반적 현상을 가장 적나라하게 보여주는 예다.

실리콘밸리의 풍경을 주목해야 하는 이유는 그것이 새로운 노동 환경을 무의식적으로 보여주고 있기 때문이다. 실리콘밸리의 풍경은 창조산업 분야의 노동 환경을 잘 보여준다. 창조산업 분야에서 산업은 레저가 되었고, 일과 놀이의 구분은 모호해졌다. 이런 바뀐 노동 환경이 전체 노동 환경을 대표한다고 할 수는 없지만, 지금 이런 노동 환경은 흔히 상상되는 노동 환경 중 하나다. 실리콘밸리의 노동 문화는 도시의 외관에 중요한 영향을 미치고 있다. 이제는 첨단산업 기업들도 과거와 달리 자의식적이고 거대한 건물들을 짓기 시작했다. 구글은 2015년부터 토머스 헤더윅과 비야케 잉겔스의 설계로 신사옥을 짓고 있다. 애플은 2018년 포스터 & 파트너스의 설계로 쿠퍼티노에 애플 파크를 완공했다. 강철과 유리로 된 이 거대한 애플 파크는 그 둘레가 1.5킬로미터에 달하는 세계에서 가장 큰 단일 건물이다. 인근에 위치한 나사 에임스연구센터를 제외하면 거대한 건축물이 거의 없던 실리콘밸리에서 애플 파크의 거대한 규모는 단연 돋보인다. 그렇다고 애플 파크가 기존 실리콘밸리 건물들의 성향을 완전히 버린 것은 아니다. 애플 파크는 여전히 은밀함, 내향적인 경향을 상당 부분 간직하고 있다.

이 장에서 다룬 노동의 세계 중 처음부터 정확히 그렇게 설계된 것은 하나도 없다. 1980년대와 1990년대에 이루어진 노동의 변화와 함께 이루어지는 세계도시들의 변화는 쉽게 상상할 수 있는 것들이 아니었다. 그 누가 설계를 하고자 했어도 지금의 실리콘밸리나, 로어맨해튼이나 암스테르담 북쪽 변두리 지역을 지금의 모습처럼 설계할 수는 없었을 것이다. 지금 이곳들이 아무리 큰 성공을 거두고 있다 하더라도, 제대로 된 정신을 가진 이들이라면 경우에 따라 노동의 세계를 폭력적으로 파괴하기도 하는 문화를 받아들여 현재처럼 설계할 수는 없었을 것이다. 이 장에서 다룬 곳들은 설계를 시작점으로 만들어진 공간들이라기보다는, 진행되고 있는 프로세스에 대응할 수 있도록 만들어진 공간들이다. 이 책이 다루는 모든 도시 프로세스 가운데 노동만큼이나 도시 환경에 형태를 부여하는 프로세스는 많지 않다.

6장

전쟁

가장 전면적인 프로세스

전쟁보다 더 완결성 있고, 더 전면적인 도시 프로세스가 있을 수 있을까? 전쟁보다 더 세부적인 결과에 대한 의도 없이 도시의 형태에 그토록 물질적으로 그리고 시각적으로 파괴적인 결과를 가지고 오는 것이 있을 수 있을까? 전쟁보다 인간 개인의 행동이 프로세스 앞에서 얼마나 헛된지를 잘 보여주는 것이 있을 수 있을까? 전쟁이라는 프로세스가 한 도시를 얼마나 완결적이고 전면적으로 파괴할 수 있는지 구체적으로 보여주는 예는 히로시마 원자폭탄 투하다. 히로시마 원자폭탄 투하의 참상을 가장 처음 상세히 다룬 글은 1946년 존 허시가 《뉴요커》에 기고한 특집 기사다.[1] 허시는 생존자들을 취재하여 그들의 눈을 통해, 1945년 8월 6일 미 공군 B-29 폭격기가 히로시마에 투하한 원자폭탄이 도시를 어떻게 바꾸어 놓았는지를 생생하게 묘사했다. 인구 30만 명의 히로시마는 순식간에 납작해졌다. 도시의 물리적 구조는 모두 파괴되어 형태 없는 비극의 바다로 변했다. 건물들은 아주 가끔씩 초현실적인 모습으로 변해버린 것들을 빼면 모두 사라졌다. 도시 전체가 끔찍한 부상과 고통으로 망가진 시체들로 뒤덮였다. 허

사진 6.1

1945년 도쿄 적십자사 건물에서 본 히로시마의 모습.(작가 미상)

시가 묘사하는 참상을 온전히 받아들이기 어려울지도 모른다. 이는 우리가 지금 세계도시에서 일어나는 전쟁을 이해하는 방식과 관계가 있다. 전쟁은 여전히 전면적이고 예외적인 상태로 일어나지만, 우리는 세계도시에서 일어나는 전쟁을 '전투'로서 경험하지 않는다. 이제는 전쟁이 그런 식으로 일어나지 않기 때문이다. 그럼에도 허시의 기술이 중요한 것은 전쟁이 도시 하나를 '전면적'으로 파괴할 수 있는 가능성이 언제나 존재한다는 사실을 알려주기 때문이다.

전면전total war의 경험을 쓴 또 다른 이로는 2차대전 영국군의 공습이 미친 영향을 숙고하여 『공중전과 문학』(1999)으로 펴낸 독일 작가 W. G. 제발트가 있다. 제발트는 전후 독일, 심지어 프랑프푸르트나 드레스덴처럼 한 도시가 사실상 전면적으로 파괴된 곳에서조차도 전쟁과 도시에 대한 기억상실과 침묵이 존재한다고 지적한다. "그 파괴의 참상은 수치스러운 가족사처럼 다시 언급해서는 안 되는 일종의 금기가 되었다." 제발트는 독일이 역사를 인정하지 못하는 것은 파괴의 정도가 받아들일 수 없을 정도로 컸던 것과 관계가 있다고 본다. "단 몇 시간 만에 도시 안의 건물과 나무, 주민과 가축, 살림살이와 집기, 갖가지 시설물이 모조리 타버리는 것을 보고, 겨우 목숨만 부지해낸 사람들은 사고와 감정이 과부하에 걸리거나 마비되었다."[2] 전쟁의 경험이 너무나도 참혹한 나머지 그 기억이 억압되고 있다는 것이다. 도시 연구를 모아놓은 유명한 독본들의 목차를 훑어보면 놀라울 정도로 전쟁에 관한 담론들을 다루지 않는다는 것을 알 수 있다.[3] 마치 인간에게 도시를 세울 수 있는 능력뿐 아니라 도시를 파괴할 수 있는 능력이 있다는 사실을 다루는 것 자체가 비윤리적인 일이라도 되는 듯이 말이다.

물론 전쟁으로 파괴된 도시를 공개적으로 이야기하는 방법이 전혀 없는 것은 아니었다. 2차대전 기간 중에 파괴된 도시를 다룰 수 있는 방법을 고안해낸 이들은 영국의 건축 저널 《아키텍처럴 리뷰》의 건축 평론가들이었다. 이 저널은 당시, '그림과 같은 풍경'을 이상으로 여기는 18세기 유럽의 픽처레스크picturesque 개념을 자신들의 건축 이론의 중요한 축으로 삼고 있었다.[4] 《아키텍처럴 리뷰》는 영국 낭만주의 풍경화의 이상적 토대가 되는 이 개념을 1940~1941년의 독일 공습으로 완전히 파괴된 영국 도시들에 적용하여 『공습으로 파괴된 영국의 건물들』을 펴냈다. 이 책을 쓴 《아키텍처럴 리뷰》의 J. M. 리처즈는 "공습으로 부서지고 남은 담장의 잔해들", "잿더미가 된 건물들", "한때는 단단했지만 이제는 흐물거리는 철제 기둥들"에서 놀랍게도 아름다움을 찾아낸다(철제 기둥을 논하는 부분은 분명히 성적인 뉘앙스를 담고 있다). 그는 이렇게 예찬한다. "이전 같으면 절대 두 번 눈길을 주지 않을 건물들이 전쟁의 잔해 속에서 극적인 아름다움을 꽃피웠다."[5] 《아키텍처럴

사진 6.2
『공습으로 파괴된 영국의 건물들The Bombed Buildings of Britain』(1943)의 표지.

리뷰》의 또 다른 필자인 화가 존 파이퍼는 도시 계획가들은 '공습의 잔해'를 중요한 영감으로 삼아야 한다고 주장했다.[6]

파이퍼, 리처즈, 《아키텍처럴 리뷰》는 붕괴된 도시를 미학적인 측면에서 접근하는 데 당당하다. 놀랍게도 이들은 모두 준비하고 있었다는 듯이 전쟁이 일어나자마자 파괴된 영국 도시들의 풍경을 설명하고, 그 파괴에서 의미를 찾아낸다. 적어도 영국 독자들에게, 또는 전쟁의 기억을 간직하고 있는 모든 독자에게 그들이 보여주는 도시의 모습은 익숙한 이미지일 것이다. 그것은 전쟁 중인 도시가 어떻게 재현되어야 하는가에 대한 모범적인 방식으로 재현된 도시의 이미지다. 이를테면 리처즈는 책에 등장하는 가장 첫 이미지로 속표지 왼쪽 페이지에 런던 대공습 직후에 찍힌 세인트 폴 대성당의 사진을 싣는다. 사진의 전경에는 아치형 구조물이 위태롭게 서 있고, 후경에는 그 아치 사이로 보이는 대성당의 쌍둥이 탑이 서 있다. 그 가운데는 폭격된 빅토리아 양식의 상업용 건물이 흰 연기를 피우고 있고, 그 앞에는 가로등이 쓰러져 있다. 구름 한 점 없는 하늘에는 공습기가 남기고 간 흰 비행 구름의 자취가 보인다.

전쟁 중에 있는 런던을 재현하는 고전적인 이미지들이 모두 그렇듯이 이 사진은 지극히 수사적이다. 이 사진이 말하고 있는 것은 대공습에도 무너지지 않은 영국의 불굴의 의지다. 전쟁의 폐허 속에서 위풍당당하고 영웅적으로 서 있는 대성당의 모습은 영국의 용맹함을 환유한다. 사진 하단에서 피어오르는 연기는 영국이 치른 희생을 상징한다. 이 사진은 단순명료하게 런던이라는 도시 자체를 인격화하고 있다. 공유된 정체성과 문화를 말하는 이 사진은 누가 옳은 편이고 누가 그른 편인지, 그리고 어느 편이 승자인지를 명료하게 보여주는 이미지다.

군산복합체

1961년 1월, 아이젠하워 대통령은 고별연설에서, 전례 없이 방대한 규모의 군수산업이 등장하게 되었고, 350만 명이 이 산업에 직접 종사하게 되었다고 말한다. 이 연설이 유명해진 것은 이 연설이 '군산복합체'라는 개념이 알려진 계기이기 때문이다. 아이젠하워는 권력들의 결합인 군산복합체가 경제적으로, 정치적으로, 심지어 정신적으로까지 "모든 도시, 모든 주 의회, 모든 정부 부서에 영향을 미치고 있다"고 경고했다.[7] 이 결합은 미국 도시들의 인구 구성, 리듬, 형태에 변화를 가져왔다. 로스앤젤레스 같은 도시는 국방, 특히 항공 분야의 국방 계약을 통해 경제적인 성장을 이루었다. 더글러스 에어크래프트, 록히드, 노스 아메리칸, 노스럽 그러먼 등의 방위산업체가 모두 로스앤젤레스에 본부를 두고 있다. 1970년대 군수산업이 이곳에서 성장하기 시작한 이래, 현재 로스앤젤레스에는 군수산업 기업에 일하는 이들만 30만 명 가까이 된다.[8]

2차대전 시기에는 전례 없는 규모의 방위산업 공장들이

세워졌다. 미국의 경우 방위산업 공장의 상당수는 앨버트 칸이 설계한 것이었다(칸은 당시 소련의 건축에도 참여하고 있었다). 미시간주 입실런티 타운십에 위치한 윌로런 공장은 B-24 폭격기를 시간당 한 대씩 생산할 수 있는 능력을 갖추고 있었다. 뉴욕에 위치한 브루클린 해군 공창은 한때 세계에서 가장 큰 건선거를 갖추고 있었을 뿐 아니라, 전성기에는 그곳에서 일하는 노동자만 해도 7만 명이나 되었다. 헨리 카이저 소유의 캘리포니아주 리치먼드의 조선소는 노동자만 9만 명이었고, 단 나흘 만에 수송선 한 대를 건조해낼 수 있었다.[9] 이 거대한 공장들은 그 자체로 하나의 도시였다. 리치먼드를 비롯한 캘리포니아 이스트베이 지역에는 지금도 2차대전 중 지어진 조선소와 비행장이 남아 있다. 캘리포니아의 여러 대도시는 군산복합체가 없었더라면 지금과 같은 규모로 성장할 수 없었을 것이다. 마이크 데이비스는 로스앤젤레스의 역사와 사회지리를 상세하게 파헤친 『석영의 도시』에서 로스앤젤레스는 전쟁 경제가 아니었다면 지금과는 전혀 다른 모습의 도시가 되었을 것이라고 주장한다.[10]

군산복합체는 2차대전의 요구에 따라 발생한 미국적 현상이었다. 반면, 유럽에서는 전쟁이 미국과는 다른 방식으로 도시 현상에 영향을 미쳐왔다. 유럽의 주요 도시들에서 일어난 집중적인 공중 폭격은 넓은 공터를 만들었고, 이 부지는 전쟁이 끝난 후 부동산 개발의 기회를 창출했으며, 어떤 개발은 전쟁이 끝난 지 70년이 지난 지금도 이루어지고 있다.[11] 프랑

사진 6.3

캘리포니아주 리치먼드 조선소의 리버티급 수송선. 1942년, 헨리 카이저가 소유한 조선소는 리버티급 수송선 'SS 로버트 E. 피어리'를 단 나흘 만에 마무리하는 기록을 세웠다.(2014년 사진)

크푸르트가 유럽의 경제적 중심으로 성장할 수 있었던 것도 이와 관계가 깊다. 프랑크푸르트는 1944년 3월 22일 연합군의 대규모 폭격을 받고 도시가 거의 완파되었다. 프랑크푸르트는 아무것도 없는 빈터 위에서 유럽의 경제적 중심지로 새롭게 성장할 수 있었다. 폭격을 받고 완전히 파괴된 전쟁 직후 프랑크푸르트의 모습과 현대적 하이테크 스타일의 마천루가 가득한 지금 프랑크푸르트의 모습을 나란히 비교해놓은 관광엽서에 대해 제발트는 이렇게 쓴다. "이런 엽서에서 우리는 과거를 지워 없애버리려는 독일의 의지를 확인할 수 있다. 독일은 얼굴 없는 새로운 현실을 창조해냄으로써, 국민이 모두 미래만을 바라보도록 하는 한편, 과거에 대해서는 완전히 침묵하도록 했다."[12]

런던에서도 독일군의 폭격으로 만들어진 아무것도 없는 부지들에서 여러 개발이 진행되었다. 가장 크게 이루어진 개발은 크리플게이트 구역에서 이루어졌다. 0.14제곱킬로미터의 이 구역은 철도, 창고, 노동자 계급 주택이 몰려 있는 곳이었다가 1940년 12월 29일 독일군 루프트바페 폭격기의 공격을 받아 세인트 자일스 성당을 빼놓고 모두 완파되었다. 런던시는 이 빈터에 건축설계사 체임벌린, 파웰 & 본Chamberlin, Powell and Bon의 설계로 1959년부터 1980년까지 거대한 복합 주거문화 단지 바비칸 이스테이트Barbican Estate를 건설했다. 바비칸 이스테이트의 커다란 아파트 건물 세 개 중 가장 높은 부분은 123미터다. 오랫동안 런던에서 가장 높은 주거용 건물의 기록을 가지고 있을 정도로 높은 건물이다. 폭격으로 런던 한복판에 넓은 부지가 생기지 않았더라면 바비칸 이스테이트는 없었을 것이다. 바비칸 이스테이트는 매우 대담한 형태의 건축물이다. 세인트 자일스 성당을 제외하면 그곳에 남아 있는 것은 아무것도 없었기 때문에 건축가들은 기존의 도시 계획을 고려할 필요도 없이 그곳에 완전히 새로운 건물을 지을 수 있었다. 주민들이 단지 안에서는 자동차와 전혀 마주치지 않고도 걸어 다닐 수 있도록 단지 전체를 잇는 보도를 설치했고, 단지 한가운데에는 인공호수를 조성해 바비칸 이스테이트의 관심과 활동의 방향이 바깥이 아니라 단지 한가운데로 집중될 수 있도록 했다.[13] 이는 어쩌면 프랑크푸르트가 그랬던 것처럼 전쟁의 기억을 지우고 싶은 의지의 표현일지도 모르겠다. 이렇듯 2차대전은 다양한 방식으로 지금도 도시들에 영향을 미치고 있다. 유럽의 여러 도시는 2차대전 당시 폭격의 결과로 생긴 부지에 상업 공간을 개발했고, 지금도 개발하고 있다. 현재의 런던이나 20세기 말의 베를린이 그런 예다. 미국에서는 2차대전 당시 지어진 대형 공장들이 지금도 도시의 경관에 영향을 미치고 있다.

전면전에서 회색전으로

2차대전의 이런 유물들은 세계도시에서 전쟁이 차지하고 있는 매우 추상화된 상태를 보여준다. 군사적 충돌은 1945년 이래 지정학적 풍경의 지속적인 특징이었지만, 지정학적 충돌이 세계도시에서 직접 일어나는 경우는 극히 드물다(좌파 평론가들은 그 이유가 글로벌 자본이 군사적 충돌들을 제3세계로 밀어내기 때문이라고 비판한다). 반면, 전쟁을 직접적으로 경험하는 도시도 있다. 시리아 알레포, 이라크 바그다드, 세르비아 베오그라드, 우크라니아 키이우에서는 지금도 군사적 충돌이 멈추지 않고 있다. 이들 국가에서 사람들이 전쟁을 경험하는 공간은 도시 한복판이다. 전쟁에 대한 기억을 거의 잊은 채 부유한 세계도시에 사는 시민이라면 자신이 사는 도시 한가운데서 전쟁이 일어나는 일을 큰 충격으로 받아들일 것이다. 이 책이 다루고 있는 국가들의 현재 군 예산은 과거에 비하면 훨씬 적다. 세계에서 국방비로 가장 많은 돈을 쓰는 미국조차 이제 GDP 대비 국방비가 4퍼센트를 넘지 않는다. 이는 2차대전 당시

사진 6.4

코소보 전쟁이 진행 중이던 1999년 북대서양 조약 기구(NATO)의 B-2 폭격기로부터 공습을 받고 파괴된 구 유고슬라비아의 국방부 건물. 북대서양 조약 기구는 주로 F-117이나 B-2 등의 스텔스기를 공습에 사용했다. (2015년 사진)

GDP 대비 국방비의 10분의 1, 1960년대 후반 GDP 대비 국방비의 2분의 1도 되지 않는 비율이다(GDP 대비 국방비는 세계적으로도 계속 감소하는 추세다. 세계은행 자료를 보면, 전 세계 국방비는 지난 반세기 동안 세계 GDP 대비 6퍼센트에서 2퍼센트로 감소했다).[14] 지금은 군 복무 경험을 하는 이들보다 군 복무 경험을 하지 않는 이들이 더 많다고 해도 과언이 아니며, 세계도시에서라면 대규모의 군인들을 거리에서 볼일도 거의 없다. 요컨대, 세계도시에 사는 이들에게 전쟁은 자신과는 무관한 사건이다. 그저 과거에 일어난 일이거나, 현재 일어나고 있다 하더라도 자신이 있는 곳과 멀리 떨어진 곳에서 벌어지는 일이다. 또는 테러리즘처럼 변형된 형태로 일어나고 있는 일이다. 전쟁 기술의 발달도 이런 경향에 일조한다. 이제 수천 킬로미터 떨어진 통제실에서 무인항공기(UAV)를 조정해 적을 공격하는 시대다.[15]

이렇듯 세계도시에서 전면전이 발생할 가능성은 거의 없어졌지만, 다른 형태의 전쟁이 일어날 가능성은 사라지지 않았다. 세계도시들은 이제 다른 방식으로 전쟁을 경험한다. 테러와의 전쟁이 대표적인 예다. 문화이론가 슬라보예 지젝은 지금은 전시와 평시의 구분이 모호해진 시대라고 지적하며 이렇게 주장한다. "우리는 평화적인 상태가 동시에 긴급한 위기의 상태가 되는 시대에 들어서고 있다."[16] 군사학에서는 전쟁 상태도 아니고 평화 상태도 아닌 중간 상태의 영역을 '회색지대gray zone'라고 부르고 있다. 회색지대에서 일어나는 전쟁, 즉 회색전은 전면전과는 다르지만, 여전히 도시에 큰 영향을 미친다. 요컨대, 회색전은 겉으로 보기에는 평시 같지만 실은 많은 폭력이 벌어지고 있는 상황, 또는 반대로 사실상의 전시지만 겉으로는 큰일이 발생하지 않는 상황인 것이다.

2018년 《이코노미스트》 전쟁 특집호는 앞으로 일어날 전쟁들은 전장이 아니라 도시 한복판에서 시가전의 형태로 일어날 가능성이 더 높다고 예측했다. 도시에서 일어나는 전쟁은 힘이 약한 쪽에 더 유리한 측면이 있다. "도시에서 벌어지

사진 6.5

영국 에든버러에 설치된 테러 방지용 구조물. 2016년부터 니스, 베를린, 런던에서 차량 테러가 잇따라 일어남에 따라 2017년 설치되었다.(2017년 사진)

는 전쟁에서는 정밀 조준 공격과 같은 첨단기술이 힘을 발휘하기 어렵다. 세력이 약하더라도 복잡한 도시에서는 쉽게 적의 공격을 피해 숨을 수 있고, 민간인을 방패로 삼을 수도 있기 때문이다." 기사는 이런 전쟁의 예로 이라크 바그다드의 사드르시티에서 일어난 미군과 이라크 사이의 교전(2008), 이스라엘의 팔레스타인의 가자 지구 침공(2014), 이라크군이 ISIS로부터 모술을 탈환한 전투(2017) 등을 들었다. 2012년부터 시리아 내전이 일어나고 있는 시리아 알레포도 마찬가지다. 전면적인 전쟁이 일어나는 일도 없고, 도시가 완전히 파괴되는 일도 없다. 시가전에서는 사용되는 무기도 달라질 것으로 예상된다. 앞으로 탱크는 도시의 거리를 다닐 수 있도록 더 작아질 것이고, 헬리콥터의 날개도 건물 사이를 지날 수 있도록 더 짧아질 것이다.[17]

전면전과 달리, 회색전에서는 도시 하나가 물리적으로 완전히 파괴되거나 하는 일은 일어나지 않는다. 국가들은 이처럼 전혀 다른 양상의 전쟁에 대비하기 시작했다. 이스라엘은 네게브 사막 한가운데에 가짜 도시를 하나 만들어놓고 시가전에 대비하는 훈련을 실시한다. 새로운 형태의 전쟁을 대비하는 이 훈련에서 전쟁은 도시 한복판에서 일어나는 것으로 가정된다. 공격 대상도 도시의 기반시설이 아니라 개인들이다. 훈련받는 군인들은 건물을 파괴해서는 안 된다. 그 건물들이 다시 사용해야 하는 훈련용 건물이어서만은 아니다. 회색전의 목표는 기반시설을 파괴하는 것이 아니기 때문이다. 회색전은 기업들의 새로운 사업 기회가 되기도 한다.[18] 항공기를 주로 생산하던 영국 기업 브리티시 에어로스페이스British Aerospace는 회색전 시대에 부합하는 방산업체 BAE 시스템스BAE Systems로 거듭나면서 유럽 최대 방산업체가 되었다. 회색전은 국가나 기업에만 영향을 미치는 것이 아니다. 회색지대는 방위산업체뿐 아니라 민간, 이를테면 도시들에도 영향을 미친다. 회색지대에서는 여러 금융 도시가 겉으로는 평화 상태에 있는 듯이 보이지만 그 도시의 실제 상태도 그런지는 분명하지 않다. 예를 들어 브라질의 상파울루와 리우데자네이루는 내전 상태에 있지 않지만 사실상 내전이 일어난 도시와 다를 바가 없다.[19] 이 도시들에서 범죄자들에게 살해당해 목숨을 잃는 사람들의 수는 전쟁에서 목숨을 잃는 사람들의 수를 능가한다. 브라질 사람들이 자조적으로 하는 농담 하나가, 사라예보 포위전(1992~1996)으로 인한 사망자 수가 1만 4,000명인데, 같은 시기 리우데자네이루에서 범죄로 사망한 이의 수가 그보다 더 많다는 사실이다.[20] 브라질 경찰이 파벨라 지역의 범죄자를 다루는 전술은 점점 회색전에서 사용되는 전술에 근접해가고 있다. 전쟁 상태나 다름없는 리우데자네이루의 디스토피아적 모습은 브라질 영화 〈시티 오브 갓〉에 잘 포착되어 있다.[21]

테러와 도시

회색전의 범위는 도시 안에서의 시가전을 넘어 테러로까지 확장된다. 인류는 매 세대 자신들만의 새로운 테러를 발명해왔고, 도시에서 일어나는 테러의 역사는 인류 문명의 역사만큼이나 길다(영국인들이 매년 11월 5일에 기념하는 '가이 포크스의 밤'만 해도 웨스트민스터 궁전을 폭파하려던 가이 포크스의 1605년 테러 시도를 기리는 날이다). 현대에 들면서 질병과 전면전의 위협은 줄어들었지만, 테러의 위협은 더 커졌다. 테러의 이미지는 이제 전쟁과는 떼려야 뗄 수 없게 되었다. 현대에 일어나는 전쟁은 압도적인 비율로 양쪽의 힘이 대등하지 않은 비대칭전인 경우가 많기 때문이다. 테러를 감행하는 쪽이 사용하는 '성스러운 전쟁' 같은 표현이나, 테러에 대응하는 쪽이 사용하는 '테러와의 전쟁' 같은 표현을 보면 지금 시대에는 테러가 곧 전쟁으로 이해되고 있음을 알 수 있다. 테러의 유형은 다양하다. 비행기, 기차, 지하철, 버스와 같은 교통수단을 폭파하는 테러, 사람의 통행이 많은 곳에 폭탄을 설치하는 테러, 비행기를 납치하는 테러, 생화학 무기를 사용하는 테러, 총기 난사하는 테러, (아직 실제로 사용된 사례는 없지만) 폭탄에 방사능 물질을 채운 핵무기인 일명 '더러운 폭탄dirty bomb'을 사용하는 테러, 음료나 음식에 독극물을 주입하는 테러 등이 있다. 테러는 대부분 사람이 많이 몰리는 도시를 대상으로 한다. 도시야말로 힘의 측면에서 열세인 테러리스트들이 한정된 자원으로 가장 큰 효과를 낼 수 있는 공간이기 때문이다.

테러에 대응하는 데 필요한 도시 기반시설은 이제 우리 일상의 일부가 되었다. 건축 이론가 마틴 폴리는 자신의 저서 『최후의 건축』에서 현대 도시들이 어떤 양상으로 테러에 대응하고 있는지를 상세하게 살핀다. 폴리가 가장 자세히 살펴보는 것은 1992년 아일랜드공화군(IRA)이 런던 발틱 거래소를 폭파했을 때 런던시가 어떤 조치를 취했는가이다. 이는 한 명이 사망하고, 80억 파운드에 달하는 재산피해가 발생한 대형 사건이었다.[22] 이후 런던시는 엄격한 조치를 취했다. 테러를 방지한다는 명목으로 '교통 및 환경 특별 경계 구역Traffic and Environment Zone, TEZ', 일명 '철의 포위망Ring of Steel'이라는 특별 경계 구역을 설정했다. 검문소와 콘크리트 바리케이드를 설치해 차량을 철저히 통제했고, 도로의 폭도 기존보다 좁혀 차량이 마음대로 속도를 높이기 어렵게 했다. 이후 검문소는 철거되었지만, 나머지 조치들은 지금도 상당 부분 유지되고 있다. 2010년대 후반, 프랑스, 독일, 영국에서 차량을 이용한 테러가 잇달아 발생했을 때, 런던시는 테러 대응 조치를 더 강화하는 안을 검토하기도 했다.

1998년 시점에서 폴리는 테러가 도시에서 '지속적으로 이어지는 저강도 전쟁'이라는 완전히 새로운 지형을 만들어 냈다고 쓴다. 폴리는 테러에 얼마나 효과적으로 대응할 수 있느냐가 건물 설계 시 "건물의 자재와 요소, 도로의 배치와 위치, 빌딩의 입지 등"을 결정하는 데 영향을 미치게 되었다고 지적한다.[23] 폴리는 테러의 위협을 줄이기 위해 런던을 재설계한 예로 다음 두 사례를 더 든다. 하나는 1991년에 일어난 총리 관저 박격포격 사건에 대한 대응이다. 1991년 IRA가 총리 관저인 다우닝가 10번지를 박격포로 공격하자, 영국 정부는 다우닝가 근처에 시민들이 다닐 수 없도록 출입을 봉쇄했다. 또 다른 하나는 1996년에 시작한 트래펄가 광장 개조 공사다. 이 공사의 원래 목표는 트래펄가 광장부터 국회 의사당인 웨스트민스터 궁전에 이르는 구역 전체를 차량이 통제되는 보행자 전용 지역으로 만드는 것이었는데, 폴리는 이를 자유민주주의를 위한 프로젝트로 보기보다는 '도시 통제 구역'을 증가시키는 기획으로 보았다.[24] 이 프로젝트의 감독을 맡은 노먼 포스터가 이 시도를 '만인을 위한 세계 광장'을 만드는 민주적 가치를 담은 기획이라고 자평했다면, 폴리는 반대로 이 거대한 공사를 보안과 감시에 대한 필요에서 나온 것으로 보았다. 폴리는 테러 도시의 원형으로 1969년부터 1994년까지 일상적인 테러의 위험에 노출되었던 벨파스트를 들며, 테러가 벨파스트의 도시 건축에 미친 영향을 지적한다. 당시 벨파스트에는 CCTV가 어디에나 설치되어 있었고, 상점에 들어가는 문은 회전문으로 설치되었다. 차량은 모두 검문의 대상이었다. 상업 공간에서조차도 대형 유리창이 사용되지 않았다. 폴리는 또 역사적인 건물들을 그 외관은 그대로 유지하면서도 내부 인테리어만 바꾸어 밖에서는 그 건물의 용도를 알 수 없게 하는 추세를 언급하며 이를 '스텔스 건축stealth architecture'이라고 부른다. 이때 '스텔스'는 항공기를 제작할 때 레이더에 의한 탐지를 어렵게 하는 기술에서 따온 말이다. 보안에 대한 우려와 건물 보존에 대한 관심이 결합하면서 자신의 물리적 존재를 지우는 건물들이 나오게 된 것이다. "보안의 첫 번째 원칙은 적의 타깃이 될 수 있는 건물을 최대한 눈에 띄지 않게 만드는 것"이기 때문이다.[25]

보안에 대한 우려가 가장 잘 드러나는 곳은 공항의 보안 시설이다. 전 세계 공항에서 거의 동일한 방식으로 이루어지는 승객에 대한 보안 검색 절차는 한편으로는 승객과 보안 요원이 서로의 이익을 위해 행하는 일종의 퍼포먼스에 가깝다. 공항 보안 절차에 실제로 어느 정도의 보안적 가치가 있는지는 논쟁의 여지가 있다. 한 대형 미국 항공사의 보안 담당자는 보안 검색 절차가 실제 보안에는 크게 기여하지는 않는다고 말하면서 이 절차를 '쇼show'라고까지 불렀다.[26] 하지만 이 절차에 큰 효과가 없다 하더라도, 이는 우리의 일상에 전쟁이 얼마나 깊숙이 들어와 있는지를 보여주는 중요한 쇼임에는 틀림없다. 실제로 항공기 테러의 위협은 가볍게 볼 수 있는 것이 아니다. 단 한 건의 항공기 사고로도 수많은 사람이 목숨을 잃을 수 있다. 공항은 가장 높은 수준의 보안 설계를 요구하는 공간이다. 비행기 연료탱크의 폭발가능성, 그리고 1960년대(이른바 '항공기 납치의 황금시대') 이후 비행기가 그 자체로 무기가 되어 왔던 역사를 생각해보면 이는 당연한 일이다.[27] 보안에 대한 요구가 높아지면서 많은 항공기 제조업체가 방위산업체로 몸집을 불렸다(영국의 BAE 시스템스도 그렇게 탄생한 방위산업체다). 여기서 중요한 것은 공항 보안 설계가 도시의 보안 설계에 영향을 미치기 시작했다는 점이다. 상파울루의 은행들에서는 2017년부터 모든 고객이 공항 수준의 보안 절차를 통과해야 한다.[28] 중국의 경우, 주요 도시의 철도역과 지하철역에는 공항 스타일의 수하물 검색대가 있다. 또, 천안문 광장에 출입하는 관광객들 역시 엄격한 보안검색대를 지나야 한다.[29]

여기서 또 다뤄야 할 것은 이처럼 도시에서 보안이 강화되는 변화뿐 아니라, 이 같은 변화를 인지하는 이론적 작업들이다. 최근 들어, 도시에서 보안이 강화되는 현상에 대해 주목하는 건축 연구들이 크게 증가하고 있다. 영국 골드스미스대학교의 건축 연구 그룹이자 예술가 그룹인 '포렌식 아키텍처Forensic Architecture'가 전쟁과 보안에 대해 진행한 연구를 시각화한 작업은 영국 최고의 현대미술상인 터너상의 2018년 최종후보작으로 오를 정도로 큰 성공을 거두었다.[30] 포렌식 아키텍처가 주요하게 기대고 있는 것은 푸코적인 관점이다. 푸코는 콜레주 드 프랑스 강연에서 전쟁이 끝나고 일상 세계로 돌아온 이후로도 힘들이 그대로 행사되고 있는데, 이것이야말로 일상이 "다른 수단으로 지속되는 전쟁"이라는 증거라고 말했다[31](푸코의 말은 군사 사상가 카를 폰 클라우제비츠가 1832년 『전쟁론』에 쓴 '전쟁은 다른 수단으로 지속되는 일상'이라는 유명한 명제를 의도적으로 뒤집은 것이다[32]). 받아들이는 사람에 따라 현실적으로 들릴 수도 있고, 편집증적으로도 들릴 수 있는 이런 입장은 전쟁을 일시적으로 일어나는 예외적인 상태가 아니라, 언제 어디서나 항상 일어나고 있는 상태라고 본다. 즉, 전쟁은 힘들이 정상적으로 행사되는 상태라는 것이다(전쟁이 시민 사회에서도 영속되고 있다고 주장하는 푸코와 같은 이론가들이 오히려 전쟁을 영구화한다며 다음과 같이 지적하는 이들도 있다. "푸코와 같은 이들은 전쟁을 영속화하고 싶어 하는 듯 보인다." "이 이론가들은 전쟁이 공식적으로 끝난 이후에도, 일상이 표면적인 평화 상태 아래서 전쟁의 작업을 지속한다고 본다. 다시 말해, 그들은 일상을 평화와 겨루는 무기라고 보는 것이다."[33]). 일상이 곧 전쟁이라는 관점은 미국의 급진적인 건축가 레비우스 우즈의 사상에서도 다시 한번 확인된다. 우즈는 이렇게 쓴다. "건축이 곧 전쟁이고, 전쟁은 곧 건축이다. 전쟁과 건축은 직접적이면서도 상호의존적인 방식으로 단단히 연결되어 있다. 평화는 전쟁을 포함한다. 전쟁도 평화의 특수한 국면을 포함한다."[34]

이와 같은 모순과 모호함은 1960년대 이후 세계도시의 공공 공간에서 펼쳐지는 반전운동에서 명징하게 드러난다. 이를테면 1960년대와 1970년대에 일어났던 베트남 반전시위는 진행되고 있던 전쟁의 존재를 세계도시에서 가시화하는 한편, 세계도시의 공간들을 전유함으로써 새로운 형태의 도시 공간을 창조했다. 시위대는 워싱턴 D.C.의 내셔널몰을 전유함으로써 이 공간을 그 공간의 원래 목적과는 전혀 다르게 사용했다. 18세기의 기하학적 이상에 따라 설계된 내셔널몰은 본디 국가의 힘과 이성을 정당화하기 만들어진 공간이었다. 시위대는 그 공간을 점유함으로써 일시적으로 그 공간의 본디 의미와 정반대의 의미를 창출했다. 그렇게 1960년대와 1970년대의 내셔널몰은 전쟁을 그 전까지와는 전혀 다른 방식으로 가시화했다. 반전운동은 전쟁이 세계도시의 경관에 미친 영향을 다룬 여러 문화적 작품들도 남겼는데, 그중 하나가 2017년 PBS에서 방영된 다큐멘터리 〈베트남 전쟁〉이다. 이 작품은 베트남전이 미국과 멀리 떨어진 한 아시아 국가에서 일어난 전쟁에 그치는 사건이 아니라, 정치적, 문화적 행위들을 통해 워싱턴이라는 미국 도시의 경관을 만든 프로세스이기도 했음을 잘 보여준다.[35]

9.11

회색전, '다른 수단으로 지속되는 전쟁'으로서의 일상, 세계도시에서 일어나는 전쟁의 모호한 장소. 앞에서 살펴본 이 모든 문제들이 한꺼번에 펼쳐진 사건이 2001년 9월 11일에 일어난 그 사건, 바로 '9.11 테러'다. 사건은 네 편의 보잉 항공기를 납치한 알카에다 조직원들에 의해 동시다발적으로 이루어졌다. 조직원들은 보잉 757기종 두 편은 워싱턴으로, 보잉 767기종 두 편은 뉴욕으로 몰았다. 워싱턴으로 향하던 항공기 중 한 대는 테러의 목표 지점인 미국 국방부 청사 펜타곤에 충돌했고, 다른 한 대는 승객들의 저항으로 펜실베이니아주의 한 광산에 추락했다(이 사건은 이후 〈플라이트 93〉으로 영화화되었다).[36] 뉴욕으로 향한 두 항공기는 모두 테러의 목표 지점에 정확히 충돌했다. 한 대가 먼저 제1 세계무역센터에 충돌했고, 약 15분 후 나머지 한 대가 제2 세계무역센터에 충돌했다. 충돌로 인해 엄청난 화재가 발생했고, 구조물이 치명적으로 손상되었다. 두 세계무역센터는 곧 붕괴했다. 제1 세계무역센터

옆에 있던 제7 세계무역센터도 화재와 구조물 손상으로 결국 붕괴했다. 9.11 테러는 이후 미국의 아프가니스탄 공격(2001)과 이라크 공격(2003)으로 이어졌다. 아프가니스탄 공격은 내가 이 책을 집필한 시점에도 '자유의 파수꾼 작전'이라는 이름으로 진행되고 있다.

9.11 테러에서 중요하게 살펴야 할 것은 이 사건이 세계 도시의 시각 문화에 어떤 영향을 미쳤나이다. 9.11 테러에는 그 시작부터 스펙터클한 요소가 있었다. 유난히 파랬던 그날의 가을 하늘은 앞으로 일어날 사건의 완벽한 배경이 되었다. 일본계 미국인 건축가 야마사키 미노루가 설계하여 1970년에 완공한 제1, 제2 두 세계무역센터 건물은 한동안 세계에서 가장 높은 빌딩의 기록을 유지했던 초고층 마천루다. 야마사키는 대지면적 대 높이의 비율을 크게 해 건물의 높이를 더 두드러지게 강조하는 방향으로 설계했다. 또, 바닥부터 꼭대기까지 끊어지지 않고 죽 이어지는 철골들을 좁은 간격으로 배치하는 방법을 사용했는데, 철골들의 간격을 좁게 한 이유는 고소공포증이 있었던 야마사키가 안정감을 얻기 위해서였다는 말도 있다. 이렇게 세계에서 가장 높은 건물에 속하는 두 빌딩에 항공기 두 대가 각각 전속력으로 돌진해 충돌했다. 거대한 폭발과 화재가 이어졌다. 구름 한 점 없이 화창한 가을 하늘을 배경으로 두 빌딩에서 시커먼 연기가 피어 올랐다. 그러다 두 빌딩이 시간 차이를 두고 무너졌다. 그 누구도 상상해보지 않았던 일이다. 빌딩에 갇혀 있던 이들이 창문으로 뛰어내리는

장면이 생중계되었다. 무너지고 남은 처참한 잔해들이 비틀리고 뒤엉킨 채 남았다. 모든 것들이 스펙터클했다. 9.11 테러는 강렬한 시각적 이미지의 사건이었다. 9.11 테러를 일으킨 조직원들은 모두 고등교육을 받은 이들이었다. 아마도 스펙터클의 힘, 그리고 그 스펙터클을 만드는 테크놀로지의 잠재력을 잘 알고 있었을 것이다. 그들이 영화를 좋아했을까? 그것까지는 알 수 없다. 보잉 767기를 제1 세계무역센터에 충돌시킨 모하메드 아타는 대학에서 이미지를 다루는 훈련을 받은 인물이다. 아타는 카이로 대학교 건축학과를 졸업하고, 이후 독일로 유학해 함부르크 공과대학교에서 도시공학을 전공하며, 아랍 세계의 고층 건물을 공부했다. 그들의 이런 배경이 9.11 테러에 어떤 영향을 미쳤는지는 분명하지 않다. 하지만 분명한 점은 무너지는 거대한 두 빌딩의 모습에 영화적인 면이 있다는 것이다. 이미 그와 같은 장면을 우리는 할리우드 영화에서 수없이 많이 보지 않았던가.

지젝은 언제나처럼 과장을 섞어 호들갑스럽게 쓴다. "대다수 사람에게 세계무역센터가 붕괴하는 장면은 텔레비전 속에서 일어나는 한 장면이었다. 무너지는 빌딩에서 쏟아져 나오는 먼지 폭풍을 피해 겁에 질려 카메라 쪽으로 달려오는 수많은 사람의 모습. 텔레비전 방송국들이 반복해서 보여주는 이 모습은 우리가 그동안 재난 영화에서 보아왔던 바로 그 장면 아닌가?" "9.11 테러는 그 사건이 일어나기 직전부터 이미 우리들의 머릿속에 자리 잡고 있었던 판타지다." "9.11 테러를 일으킨 이들의 목적은 물리적인 해를 가하는 것이 아니었다. 그들의 진짜 목적은 스펙터클한 이미지를 만들어내는 것이었다"[37] 마침 9.11이 일어난 2001년은 스티븐 스필버그의 〈A.I.〉가 개봉한 해이기도 했다. 영화 속에서 세계무역센터는 물에 잠긴다. 영화는 목표와 수단의 선택, 사건의 전개, 개인들의 사연, 중심 서사를 모두 물에 잠긴 세계무역센터의 모습으로 환원함으로써 스펙터클한 이미지를 생산한다.

9.11 테러는 세계도시에서 전쟁이 어떤 식으로 발생하는지를 보여주는 전형적인 예라는 점에서 중요하다. 9.11 테러는 드레스덴 공습이나 히로시마 원자폭탄 투하와 같은 사건과는 다르다. 드레스덴 공습이나 히로시마 원자폭탄 투하는 전면전의 형태를 띠고 있었다. 공격하는 쪽과 공격받는 쪽의 힘도 비슷했다. 반면, 9.11 테러는 전면전이 아니라 회색전이다. 세계 최강대국 미국을, 미국보다 훨씬 약한 이들이 게릴라 전술을 사용해 공격한 사건이다. 공격의 대상으로 삼은 도시 뉴욕의 테크놀로지를 활용한 사건이고, 전략이 아니라 전술을 사용한 사건이다. 9.11 이후, 힘이 더 강한 쪽도 앞으로 자신들에게 무슨 일이 벌어질지 끊임없이 경계해야 하게 되었다. 차량을 이용한 2015년 프랑스 파리 테러, 2016년 프랑스 니스 테러, 2016년 독일 베를린 트럭 테러, 2017년 영국 맨체스터 경기장 테러, 2017년 미국 버지니아 샬러츠빌 폭동이 모두 이런 특징을 공유하고, 그 이전에 일어난 2001년 미국 탄저균 테러나 1995년 일본 도쿄 지하철 사린 사건도 마찬가지다. 세계도시

들이 전쟁을 추모하는 방법도 바뀌었다. 과거에는 전쟁에 대한 추모가 주로 승리를 경축하는 형태로 이루어졌다. 추모의 목적도 종교나 국가의 힘을 강화하는 것이었다. 추모의 대상도 전쟁에서 희생된 시민이 아니라, 군인이었다. 하지만 최근으로 오면서 추모는 다른 양상을 띠게 된다. 워싱턴 D.C. 내셔널몰의 베트남 전쟁 전몰자 위령비Vietnam Veterans Memorial(1982)를 보자. 중국계 미국 건축가 마야 린이 설계한 이 위령비는 땅을 비스듬히 깎아 만든 옹벽을 검은색 화강석으로 마감한 모습이다. 위령비는 과거의 위령비들과 달리 군사적 승리를 경축하는 대신, 세상을 떠난 이들을 애도한다(물론 미국은 베트남전에서 패배했기 때문에 경축할 승리도 없었지만 말이다). 9.11에 대한 추모는 어떻게 이루어졌던가. 9.11 테러가 발생한 미국 사회에서는 이 사건을 어떤 식으로 추모할 것인가, 그리고 세계무역센터가 있던 자리를 어떻게 이용할 것인가를 놓고 사회적 논쟁이 벌어졌다. 오랜 논쟁 끝에 이스라엘 건축가 마이클 아라드가 조경가 피터 워커와 함께 제출한 9.11 메모리얼 파크National September 11 Memorial 설계안이 채택되었다. 앞에서 린이 설계한 베트남 전쟁 전몰자 위령비나, 영국의 미술가 레이철 화이트리드가 설계한 빈의 홀로코스트 기념비Judenplatz Holocaust Memorial가 존재를 강조하는 대신 부재를 상기시키는 것처럼, 아라드의 9.11 메모리얼 파크 역시 세계무역센터의 존재가 아닌 부재를 환기시킨다. 테러로 붕괴된 두 개의 쌍둥이 빌딩이 서 있던 자리에는 검은색으로 된 사각형 웅덩이가 깊이 파여 있고, 각 웅덩이에는 거대한 구멍과 폭포가 설치되어 있어서 웅덩이 외곽에서 안쪽으로 물이 쏟아져 내린다. 테두리에는 희생자들의 이름이 새겨진 검은색 동판이 폭포를 둘러싸고 있다. 깊이 파인 웅덩이는 부재를 상징하고, 아래를 향해 쏟아져 내리는 물은 당시의 무너져 내리는 건물을 상기시킨다. 검은색, 수직성이 아니라 수평성을 강조한 형태, 세계무역센터의 물리적 부재. 이 모든 것들은 경축이 아니라 치유에 초점을 맞춘다. 여기에는 오늘날의 전쟁이 회색전이라는 이해와 수렴되는 지점이 있다. 9.11 테러는 스펙터클한 사건이긴 했지만, 과거의 전쟁처럼 명백한 시작과 끝이 존재하는 사건이 아니었다. 그것은 그저 지속적으로 이어지는 낮은 강도의 전쟁의 수많은 순간 중 하나, 그렇기 때문에 이기기 어려운 어떤 전쟁의 한순간이었을 뿐이다. 베트남 전쟁 전몰자 위령비나 9.11 메모리얼 파크의 열려 있는 형식은 오늘날의 전쟁이 하나의 단일한 사건이 아니라 조건으로서 존재함을 잘 보여준다.

나는 2001년 9월 11일에 뉴욕과 멀리 떨어진 도시에 있었다. 그리고 그 사건이 그 멀리 떨어져 있던 도시에 어떻게 영향을 미쳤는지를 똑똑히 목격했다. 나는 당시 브라질의 수도 브라질리아에 머물고 있었다. 그저 우연에 불과하지만, 브라질리아에도 쌍둥이 빌딩의 형태로 지어진 건물이 있다. 바로 브라질리아의 국회 의사당이다. 물론 세계무역센터와는 전혀 다르게 생겼고, 세계무역센터와 아무 관계도 없다. 그런데도 9.11 테러가 일어나자마자 브라질 사람들은 브라질 국회 의사

사진 6.6

뉴욕 9.11 메모리얼 파크. 마이클 아라드/피터 워커 설계.(2016년 사진)

사진 6.7

빈 홀로코스트 기념비. 레이철 화이트리드 설계.(2011년 사진)

당도 테러를 당하는 것이 아닌지 두려워했다(테러 직후는 이 테러가 건물의 형태와 관계가 있는지 여부조차 아무도 모르던 때였다). 어느 곳을 가나 9.11 테러에 관한 뉴스가 흘러나왔고, 모든 것이 의심스럽게 느껴졌다. 평범한 비행기가 무기가 되어 두 빌딩을 붕괴시킨 마당이었다. 그런 상황에서 무엇인들 무기가 되지 못하겠는가. 도시 전체가 즉각적으로 군사화된 것처럼 느껴졌다. 모든 것, 모든 사람이 의심의 대상이 되었다. 테러가 터진 곳과 1만 킬로미터나 떨어진 곳조차 비상사태가 되었다. 다른 모든 곳이 그랬듯이 공항도 지옥이 되었다. 나는 며칠 후 리우데자네이루 공항에 갔다. 공항은 난민 캠프나 다름없었다. 미국 노선은 모두 중단되어 있었다. 노선이 언제 재개할지 아무도 알 수 없었다. 테러와 함께 도시는 순식간에 이전과는 다른 공간이 되었다. 우리가 평시라고 생각하는 상태는 실은 전시와 매우 가까이 있었던 것이다. 폴리의 말로 이 장을 마무리하고자 한다. "클라우제비츠가 처음 통찰했듯이, 현대 세계의 모든 것은, 기계, 의약품, 교통, 통신, 도시 계획, 법, 과학, 예술, 언어 할 것 없이, 전쟁에 사용되기 위해 발전되어 왔다."[38] 이 관찰은 그 무엇보다 도시에 가장 잘 들어맞는다. 도시는 전쟁의 산물이고, 전쟁이라는 프로세스와 긴밀하게 연결되어 있다. 전쟁이라는 프로세스는 지난 반 세기 동안 변화해왔고, 그 프로세스가 재현되는 방식도 그와 함께 변화했다.

7장

문화

미술관이 된 창고와 공장

우리는 문화를 단순히 도시의 사건들이 벌어지는 배경 정도로 생각하지만 그렇지 않다. 2차대전 후반 이후 문화가 하나의 산업으로 재발명된 일은 그 시기에 일어난 가장 커다란 정치적 프로세스 가운데 하나였고, 도시 경관에 극적인 변화를 가져왔다. 1980년대 중반, 나는 템스강 남쪽에서 살았다. 당시 나는 템스강을 따라 서쪽에서 동쪽으로 자전거로 달리는 것을 좋아했다. 복스홀 브리지에서 출발해, 사우스뱅크센터의 로열 페스티벌 홀과 로열 내셔널 시어터를 지나면, 경공업 공장들이 늘어서 있는 지역과 작은 주택 지구가 나왔다. 그곳을 지나 블랙프라이어스교를 지나면 강변의 공터에 있는 파운더스 암스The Founder's Arms라는 펍이 나온다. 파운더스 암스는 1970년대 초 이 근방에 중층 높이의 공공주택들이 개발되기 시작하자 문을 연 곳이다. 여기서 아주 조금만 더 가면 뱅크사이드 화력발전소Bankside Power Station가 나왔다. 사용되지 않는 폐발전소였다. 중후한 벽돌 건물이었고, 웬만한 성당보다도 커서, 일종의 숭고한 분위기까지 자아냈다. 밤에 맥주를 한두 잔 마시고 보면 특히나 더 장관이었다. 나는 이 발전소를 친구들에게 보여주는 것을 좋아했다. 그곳은 당시 별다른 주목을 받지 못하는 곳이었다. 하지만 이후 이 발전소에 어떤 일이 일어났는지를 우리는 잘 알고 있다. 1990년대 영국 정부는 이 발전소를 현대미술관을 지을 장소로 낙점하고 국제 건축 공모전을 열었다. 그리고 스위스 건축회사 헤어초크 & 드 뫼롱의 안을 선정했다. 그 결과 개관한 미술관이 2000년 문을 연 테이트모던Tate Modern이다. 테이트모던은 개관 1년 만에 관람객 수에서 뉴욕 현대미술관과 파리 퐁피두 센터를 앞지르며 큰 성공을 거두었다.[1] 테이트모던이 생기는 과정을 지켜본 이로서, 또 뱅크사이드 화력발전소를 기억하는 이로서, 나는 테이트모던의 성공에 양가적인 감정을 느낀다. 내가 과거 뱅크사이드 화력발전소에서 본 것은, 궁지에 몰리고 위협에 빠지긴 했지만 진정성을 지닌 문화의 모습이었다. 내가 지금 테이트모던에서 보는 것은 훨씬 안전한 자리를 확보한 문화의 모습이다. 그 문화는 더 형식화되었고, 더 전문화된 문화의 모습이다. 테이트모던에 가는 경험은, 또는 테이트모던과 비슷한 시기에 세워진 다른 문화 시설들에 가는 경험은 진정한 문화를 체험하는 경험이라기보다는, 쇼핑몰이나 공항에 가는 것과 비슷한 경험처럼 느껴진다. 여러 사람이 안전하게 먹고, 마시고, 즐길 수 있는 곳에 가는 경험 말이다. 이제 건축설계사들은 이런 문화예술 공간을 설계할 때 공항을 설계한 경험을 적극적으로 참고하기도 한다.[2] 건축회사 포스터 & 파트너스는 홍콩 국제 공항(1998년 개항)을 설계하면서 익힌 음향 설계 기술을 이후 영국박물관의 그레이트코트Great Court(2000년 개관)를 설계하는 데 적극적으로 활용했다. 1990년대, 문화는 세계도시의 중요한 요소가 되었다. 런던에서도, 뉴욕에서도, 베이징에서도 문화는 세계도시의 중요한 측면으로 작용한다. 하지만 그 과정에서 문화의 의미는 크게 달라졌다. 이 장에서는 문화가 어떻게 지금과 같이 중요성을 띠게 되었는지, 그리고 문화가 도시에 어떤 영향을 미치고 있는지를 살펴본다.

최고의 미술관보다는 최고의 카페

'문화'와 '산업'을 연결하는 작업을 하면서 반드시 이야기해야만 하는 글이 있다. 바로 프랑크푸르트학파의 두 거장, 테오도어 아도르노와 막스 호르크하이머가 공저한 『계몽의 변증법』에 실린 「문화 산업: 대중 기만으로서의 계몽」이다.[3] 1944년에 독일어로 출판된 『계몽의 변증법』은 한참 시간이 지난 1972년에야 영어로 번역된 이후에도 영미권에서는 제대로 이해되지 못했다. 여기서 나는 이 시원찮은 반응이 어떤 중요한 의미를 지니는지 살피고자 한다. 「문화 산업: 대중 기만으로서의 계몽」은 쉽게 읽히는 글이 아니다. 두 저자가 47쪽 내내 주장에 대한 구체적인 근거도 없이 거의 모든 대중문화를 아무 가치도 없는 것으로 깎아내리기 때문이다. 아도르노와 호르크하이머는 로스앤젤레스의 대중문화에 특히 적대적이었다. 로스앤젤레스는 두 유대인 철학자가 나치의 박해를 피해 1930년대 후반부터 망명 생활을 한 도시다. 호르크하이머는 로스앤젤레스 퍼시픽팰리세이즈의 방갈로 양식의 주택에서, 아도르노는 로스앤젤레스 브렌트우드의 아파트에서 살았다. 그들은 로스앤젤레스에 살면서도 자신들이 사는 도시의 대중문화를 조금도 좋아하지 않았다.[4] 오히려 그들은 로스앤젤레스의 대중문화를 혐오했다. 그들은 미국의 적국인 독일에서 온 망명객 신분이었기 때문에 로스앤젤레스의 밤 문화를 자유롭게 즐길 수 있는 처지도 아니기는 했지만 그들은 자신들이 즐길 수 있는 문화조차 스스로 거부하기도 했다. 로스앤젤레스는 '태평양의 바이마르'라고 불릴 정도로 독일에서 망명한 유대인들이 많은 곳이었지만, 그곳에 유럽에서 온 두 중년 지식인들이 즐길 문화는 없었다. 당시는 로스앤젤레스에 변변한 교향악단이나 미술관도 없던 시절이었다. 두 지식인은 로스앤젤레스를 '문화'라고는 아무것도 없는 곳으로 느꼈다. 문화평론가 마틴 제이는 당시 이들의 상황을 이렇게 쓴다. "유럽에서 온 섬세한 지식인인 아도르노에게 로스앤젤레스는 충격적이고도 당황스러운 곳이었다. 아도르노는 로스앤젤레스의 모든 것이 상업적이고 천박하다고 느꼈다. 지적으로로도 뒤떨어져 있다고 생각했다. 반대로 미국인들은 자신들의 문화를 업신여기는 아도르노를 오만하고 건방진 인물, 이해하기 어려운 인물로 받아들였다."[5]

두 철학자가 '문화 산업'을 다룬 장의 제목을 '문화 산업: 대중 기만으로서의 계몽'이라고 단 것에서도 알 수 있듯이, 그들은 문화 산업을 자본주의 체제에 복무하는 활동으로 보았다. 그들은 문화 산업이 다른 산업과 마찬가지로 상품, 시장,

생산자, 소비자, 유통수단, 이윤 창출에 대한 기대치를 가지며, 문화를 위해 존재하는 것이 아니라 궁극적으로 이윤창출을 위해 존재한다고 보았다. 그들은 "영화나 라디오는 더 이상 예술인 척할 필요가 없다"고 비판한다. "대중매체는 그들이 고의로 만들어낸 쓰레기들을 정당화하기 위해 이데올로기로 만든 장사일 뿐이다." 설령 이 같은 점들을 그 이전부터 이해하는 이들이 있었다 하더라도, 그것을 과감하게 표현한 이들은 아도르노와 호르크하이머가 처음이었다. 이들은 문화 산업을 다형적인 모습을 띤 것으로 이해하면서도, 동시에 획일화된 것으로도 이해했다. 그들에게 문화 산업은 영화, 음악, 잡지 등 모든 형식을 아우른다는 점에서 다형적인 것이었고, 겉으로는 그렇지 않은 것 같으면서도 실제로는 다른 의견을 허용하지 않음으로써 '강철의 체제'를 만드는 데 이바지한다는 점에서 획일화된 것이었다. 그들은 이 체제가 사회를 통제한다는 점에서도 전체주의적이지만, 문화를 군사력으로 매끄럽게 변환시킨다는 점에서도 전체주의적이라고 보았다("자동차, 폭탄, 영화는 전체가 해체되지 않도록 유지시켜주고 있다."). 그들은 자신들의 괴팍한 글에서 도널드 덕을 비난하는 것에서 멈추지 않고, 미키 마우스, 찰리 채플린, 제너럴 모터스의 자동차들, 재즈에 이르기까지 무차별적으로 신랄하게 공격한다(심지어 재즈에 대해 쓸 때는 재즈의 당김음을 '흐느적거리는 음'이라고 폄하하는가 하면, '재즈'라는 발음 자체까지 공격한다).[6]

두 철학자는 문화 산업에 무조건적인 혐오를 보이긴 했

지만, 동시에 문화가 앞으로 어떻게 변할지에 대해 상당히 정확히 내다보고 있었다. 그들은 (그들 입장에서는 끔찍한 일이었겠지만) 고급문화와 저급문화의 경계가 사라질 것이라고 예측했다. 또, 지배체제에 순응하는 문화와 지배체제에 저항하는 문화 사이의 경계도 모호해질 것이라고 보았다. 그들은 만화 캐릭터 도널드 덕이 실은 억압의 주체라고 본다. "만화 영화는 모든 저항이 분쇄되는 것이 이 사회에서 피할 수 없는 삶의 조건이라는 교훈을 사람들의 머릿속에 주입한다. 현실의 불행한 사람들처럼 만화 영화 속의 도널드 덕이 채찍질을 당하는 데서 관중들은 스스로가 받는 벌에 익숙해진다." 두 철학자는 문화가 도시에 큰 영향을 미치리라는 것도 정확히 예측한다. 두 철학자는 "기업의 장식적인 본사 건물이나 전시장", "온 사방에 솟아 있는 으리으리한 기념탑", "국제 상품 전람회장에 세워진 임시 구조물처럼 도시 변두리에 새로 지어진 간이 주택들"을 예로 들며 대도시에 끊임없이 지어지고 있는 문화 산업을 위한 건물들의 이미지를 나열한다.[7]

「문화 산업: 대중 기만으로서의 계몽」을 읽은 사람은 많지 않을지라도, 문화 산업에 대한 이들의 분석은 이제 세계 문화의 한 부분이 되었다. 이제 우리는 당연하게도 문화를 산업이라고 생각한다. 우리는 이제 문화를 생산, 유통, 소비의 측면에서 생각한다. 우리는 문화 상품을 비용의 측면에서 생각한다. 지금 이 사회의 문화예술 기관은 기본적으로 모두 문화가 산업이라는 전제하에 작동한다. 1988년 런던 빅토리아 앨버트 박물관이 세계적인 광고대행사 사치 앤드 사치에 발주해 만든 광고문구는 이렇다. "멋진 카페가 있는 최고의 미술관이 아닙니다. 멋진 미술관이 있는 최고의 카페입니다." 문화예술은 이제 소비자 경험의 여러 요소 가운데 하나에 불과하다.

최근, 문화가 산업이라는 수사는 점점 분명해지고 있다. 한 예로 스코틀랜드의 예술위원회인 '크리에이티브 스코틀랜드'는 자신들의 사명을 '스코틀랜드 경제 성장의 지렛대'라며 경제적인 측면을 중심으로 정의하고 있다.[8] 유럽연합 역시 1985년부터 실시해오고 있는 '유럽 문화수도' 프로그램을 설명하며 그 목적을 '유럽 도시의 개발', '유럽 도시의 재생', '유럽 도시의 관광산업 개발'처럼 경제적인 항목으로 정리한다.[9] 실제 1990년 '유럽 문화수도'로 선정된 글래스고는 이 프로그램을 통해 괄목할 만한 경제적 성공을 거두었고, 그 이후 영국 정치 담론에서 '문화'와 '산업' 두 단어는 더 이상 어떤 부끄러움이나 혼란 없이 나란히 쓰이고 있다. 이처럼 문화 산업이라는 개념이 받아들여지게 된 데는 한 인물의 역할이 크게 작용했다. 컨설턴트인 찰스 랜드리다. 랜드리는 문화, 특히 유럽 문화의 맥락에서 '창조도시'라는 개념을 주창한 인물로, 글래스고시에 자문을 제공하여 시가 유럽 문화수도로 선정되는 데 도움을 주었고, 그 이후로도 계속 여러 도시들에 창조도시와 관련한 자문을 제공하고 있다.[10]

퐁피두 센터, '보부르를 무너뜨려라!'

아도르노와 호르크하이머는 문화 산업의 도래 자체에 대해서는 정확히 내다보았다. 하지만 도래한 문화 산업의 구체적인 모습은 그들이 생각한 것과는 전혀 다르다. 두 철학자는 망명객으로서 로스앤젤레스에서 살며 자신들이 겪은 경험을 바탕으로 문화 산업이 매우 디스토피아적일 것으로 바라보았다. 하지만 현대 사회에서 문화 산업은 두 철학자가 예상한 것과 달리, 이 사회에 반드시 필요한 것이라는 정치적 동의를 상당 부분 획득하고 있다. 문화 산업에 대한 이 사회의 정치적 동의가 구체적으로 모습을 드러낸 것이 바로 파리의 퐁피두 센터다. 퐁피두 센터는 점점 증대하는 문화의 중요성을 인지했을 뿐 아니라, 문화가 프로세스, 특히 개방적이고 유연한 형식으로 재현된 건물을 요구하는 프로세스라는 것을 이해한 결과물이다. 프랑스 대통령 조르주 퐁피두의 이름을 딴 이 문화센터는 영국 건축가 리처드 로저스와 이탈리아 건축가 렌초 피아노의 설계로 1971년에 착공해 1977년에 개관했다. 퐁피두 센터의 건립은 68혁명의 직접적인 산물이기도 했다. 68혁명은 권위주의와 자본주의가 결합한 프랑스의 전후 체제에 의문을 제기했고, 이는 드골 정권을 사실상 붕괴시켰다.[11]

드골의 뒤를 이어 대통령이 된 퐁피두는 보부르 지역 재개발 사업의 일환으로 퐁피두 센터 건립 계획을 추진했다. 그는 68혁명에 참여했던 이들을 달래기 위해 퐁피두 센터를 프랑스국립음향·음악연구소(IRCAM)를 포함한 여러 문화예술 단체가 들어서는 "혁명적인" 복합 문화 센터로 계획했다.[12] 1977년 초 퐁피두 센터 개관식에서 초대관장 폰투스 훌텐은 퐁피두 센터가 68혁명에 뿌리를 두고 있음을 분명히 했다. 훌텐은 68혁명으로 문화에 대한 기존 관념을 유지하는 것은 불

사진 7.1

퐁피두 센터. 리처드 로저스, 렌초 피아노 설계. 1977년 완공.(2011년 사진)

가능해졌음을 다음과 같이 표현한다. "살아 있는 예술은 호사스러운 상업과 결별했다. 새로운 세대의 시민들은 현재 삶의 문제를 구체적이고 정치적인 방법으로 풀기를 원하기 때문이다." 68혁명으로 문화에 대한 낡고 부르주아적인 미학을 지닌 이들과는 전혀 다른 새로운 시민이 탄생한 것이다.[13]

1977년 개관한 퐁피두 센터는 급진적인 외관을 자랑한다. 건물의 하중을 지탱하는 철골과, 그 철골들을 연결하는 커다란 트러스 구조물이 내벽에 들어가 있지 않고, 외벽에 모두 드러나 있다. 이런 건축적 수사가 상징하는 것은 여러 가지다. 문화에 대한 새롭고 대담한 접근법을 의미할 수도 있고, 근대성을 의미할 수도 있으며, 유연성을 의미할 수도 있다. 하지만 무엇보다 중요한 것은 퐁피두 센터가 정유 공장에서나 볼 수 있었던 건물 철골을 외벽에 그대로 드러내는 방식을 사용했다는 점이다. 퐁피두 센터는 그렇게 문화는 곧 산업이라고 선언했다. 로저스와 피아노가 『계몽의 변증법』을 읽었는지는 알 수 없지만, 두 건축가는 아도르노와 호르크하이머와 마찬가지로 문화와 산업을 연결 짓는다. 하지만 그들이 내리는 결론은 두 철학자의 결론과는 사뭇 다르다. 두 철학자가 예술이 산업이 되는 경향을 세상의 끝으로 보았다면, 두 건축가는 그것을 새로운 기회로 보았다. 두 건축가는 퐁피두 센터를 68혁명과 연결짓는 대신, 대중문화의 성장을 기술적 진보의 산물로 자평했다. 건축 평론가 레이너 밴험 역시 이들과 비슷한 관점에서 퐁피두 센터에 대해 긍정적으로 평가한다.[14] 밴험은 퐁피

사진 7.2

퐁피두 센터 내부.(2011년 사진)

두 센터가 체제에 대한 긍정이기도 하지만, 그 못지않게 체제에 대한 도전이기도 하다는 점을 강조했다. 실제 퐁피두 센터가 무엇이었든 간에, 퐁피두 센터에 적용된 접근법이 산업적이었다는 점은 분명한데, 그 점은 미술관의 표면에서뿐만 아니라 그 공간 운용에서도 잘 나타난다. 퐁피두 센터에 들어가면 1층은 스페이스 프레임 구조로 되어 있고, 하중을 지지하는 구조물도 없어 사람과 사물의 움직임이 전혀 방해받지 않게 되어 있다. 이 공간에서는 모든 것이 자유롭게 이동할 수 있다. 벽도 움직일 수 있는 임시 파티션이나 다를 바 없고, 안내 데스크도 이동 가능한 키오스크이며, 예술 작품도 자유롭게 흘러 들어오고 흘러 나간다. 퐁피두 센터에서 문화는 상품이다. 미술, 영화, 쇼핑, 식당이 모두 같은 공간을 차지하며, 모두 같은 곳에서 소비된다.

이런 인테리어를 채택한 것은 퐁피두 센터가 최초가 아니다. 당시 프랑스 교외 지역에서 흔히 볼 수 있었던 대형 창고형 마트, 즉 하이퍼마켓hypermarket의 실내는 이미 거의 이런 식이었다. 프랑스는 하이퍼마켓이라는 업태를 가장 먼저 시도한 나라다. 퐁피두가 개관한 1977년경에는 프랑스 교외라면 거의 어디에서나 하이퍼마켓이 있었을 때였다. 이런 매장을 가장 먼저 선보인 곳은 까르푸다. 1963년 까르푸는 파리 교외 생제니비브드부아에 유럽 최초의 하이퍼마켓 매장을 열었다. 스페이스 프레임 구조에, 넓이 2만 5,000제곱미터, 차 400대를 주차할 수 있는 시설을 갖춘 광대한 매장이었다. 이후 프랑스에서 하이퍼마켓의 수는 계속 늘어났다. 1970년대 초에는 프랑스 교외라면 하이퍼마켓이 반드시 하나는 있을 정도로 하이퍼마켓이 많아졌다.[15] 이를 비판한 사람들은 퐁피두 센터를 '다른 세계에서 온 이질적인 침입자'라고 비아냥대었다. 이 비판자들의 말이 맞다면, 그 침입자가 온 세계는 파리 교외의 하이퍼마켓일 것이다. 하지만 하이퍼마켓도 실은 완전히 새로운 현상은 아니었다. 벤야민은 이미 19세기에 당시 파리의 아케이드를 관찰하며, 아케이드의 구조가 취향과 문화의 경계를 변화시키고 있음을 알아차렸다. 벤야민은 『아케이드 프로젝트』에서 예술작품으로 가득 찬 예술 수집가의 거실을 자본주

의 소비의 스펙터클로 그린다.[16]

퐁피두 센터를 비판한 이들 가운데 가장 유명한 이는 프랑스 철학자 장 보드리야르다. 보드리야르는 퐁피두 센터가 개관했을 때, 퐁피두 센터의 엄청난 인기를 두고 '문화의 하이퍼마켓화'라고 비판했다.[17] 보드리야르도 지적했지만, 퐁피두 센터의 인기는 미술관의 전시 내용보다는 퐁피두 센터의 에스컬레이터에서 기인하는 면이 더 컸다. 관람객들은 이 유명한 에스컬레이터에 올라 파리 시내의 멋진 모습을 보는 것을 좋아했다. 보드리야르의 비유는 적절했다. 까르푸와 같은 하이퍼마켓이 성공한 것은 그 안의 내용 때문이 아니었다. 까르푸는 과거와는 다른 방식으로 상품을 배치함으로써 구매자들에게 자신 앞에 무제한적인 선택의 가능성이 주어져 있다는 환영을 갖도록 만들었다. 보드리야르는 이 공포스러운 환영에 해결책을 내놓았다. 그는 주문한다. '보부르를 무너뜨려라!' 보부르는 퐁피두 센터의 별명이다. 퐁피두 센터를 비판한다고 그 앞에서 시위 같은 것 하지 말고, 차라리 퐁피두 센터에 최대한 많이 몰려가 퐁피두 센터를 무너뜨리라는 일갈이다. 퐁피두 센터의 구조로 볼 때 사람이 많으면 감당하지 못하고 무너질 것이라는 뜻이었다.[18] 퐁피두 센터는 1996년에 보드리야르가 원한 운명에 처했다. 수많은 인파로 노후하게 된 퐁피두 센터는 1996년부터 1999년까지 4년에 걸친 보수 작업을 거쳐야 했다. 보수비용만 해도 처음 건물을 짓는 데 들었던 비용의 절반에 해당하는 5억 7600만 프랑이 들었다.[19]

산업적인 것이 더 문화적인 시대

문화 산업은 산업용 건물들이 미술 공간으로 개조되는 전 세계적인 경향 속에서 그 이미지를 더 뚜렷이 한다. 20세기 후반까지 맨해튼에서 맨체스터에 이르기까지 벽돌과 테라코타로 지어진 물류창고를 개조한 미술관은 어디에서나 볼 수 있었다. 뉴욕에서는 로프트를 개조해 미술 공간으로 사용할 수 있는 기회가 1950년대 초반까지는 많았는데, 당시 로어맨해튼에서는 채광이 좋고, 공간이 넓으며, 뉴욕 미술계와도 지리적으로 가까운 산업용 건물들을 저렴한 월세로도 사용할 수 있었기 때문이다. 1960년대에는 로프트가 공유 자산처럼 되면서 문화를 생산하는 공간으로서뿐 만이 아니라, 문화를 전시하고 소비하는 공간으로도 사용되었다. 앞서 5장에서는 로프트가 어떻게 이후 창조산업이라고 불리게 되는 새로운 노동 양식의 원형이 되었는지, 그리고 이런 공간이 많아지면서 생긴 특징은 무엇인지를 살펴보았다. 이 장에서는 산업 시대에 지어진 공장과 물류 창고들이 '문화'와 관계 맺는 방식을 살펴볼 것이다. 영국의 경우를 예로 들자면, 빅토리아 시대에 지어진 창고나 공장 건물은 이제 즉각적으로 문화적 공간을 연상시킬 정도가 되었다. 1970년대부터 이런 건물은 꾸준히 문화적 공간으로 리모델링되어 왔다. 찰스 왕세자와 같은 사회지도층이 빅토리아 양식의 역사적 건축물을 보존하는 데 관심이 많은 것도 산업용으로 지어진 역사적 건물이 파괴되지 않고 문화적 용도로 계속 사용되는 데 영향을 미쳤다.[20]

사진 7.3

1988년에 개관한 테이트 리버풀. 제시 하틀리가 설계한 부두 건물 앨버트 독을 건축가 제임스 스털링이 미술관으로 새롭게 설계했다. 앨버트 독 건물들 중 한 건물은 테이트 리버풀이 차지하고 있고, 나머지 건물들은 복합 용도로 사용되고 있다.

(사진 G. Man, Wikimedia Commons.)

영국에서 가장 초기에 산업용 건물을 개조해 사용한 미술관은 1961년, 19세기에 지어진 대형 창고를 개조해 만든 브리스틀의 아놀피니 갤러리Arnolfini다. 그 이후로 가장 적극적으로 산업용 건물을 개조해 미술관으로 사용한 곳은 테이트 재단이다. 테이트 재단은 리버풀 항만 재개발 지구인 앨버트 독에 위치한 1850년대에 지어진 창고를 개조하여 1988년 테이트 리버풀Tate Liverpool을 개관했다. 리버풀을 설계한 건축가 제임스 스털링은 최소한의 포스트모더니즘적 개입을 제외하면 원래 창고 건물의 구조와 외관을 거의 손대지 않고 그대로 사용했다. 이 프로젝트는 상징적으로 여러 측면에서 중요한 의미를 지닌다. 첫째, 1981년 리버풀시에서 대규모 폭동이 일어난 이래 가장 먼저 진행된 도시 개발 프로젝트인 테이트 리버풀은 향후 리버풀시의 정책이 문화에 의해 주도될 것이라는 공적인 선언에 해당했다. 둘째, 19세기 창고 건물의 재사용은 19세기 세계적 무역항이자 영국에서 가장 부유한 도시였던 과거의 영광을 되찾겠다는 의지의 표명이다. 셋째, 테이트 리버풀은 1960년대 뉴욕의 이미지를 끌어옴으로써 현대적인 의미도 획득하고자 했다(세계에서 가장 유명한 리버풀 출신 명사라 할 수 있는 존 레넌의 이미지만 해도 앤디 워홀의 팩토리와 밀접하게 엮여 있지 않은가). 1850년대에 지어진 창고를 현대 미술 갤러리로 만든 이 프로젝트는 처음에는 많은 이들에게 도착적인 시도로 여겨져 많은 비판을 받았다. 하지만 이 프로젝트는 결국 매우 현대적인 시도로 판명되었고, 테이트 리버풀은 리버풀의 세계성을 잘 보여주는 훌륭한 기표가 되었다.

산업용 건물을 개조하여 사용하는 미술관은 많다. 스위스 샤프하우젠주의 할렌 신미술관, 뉴욕 허드슨 밸리의 공장을 개조해 만든 디아 비컨 미술관, 미국 피츠버그의 앤디 워홀 미술관, 18세기 조선소였던 곳을 개조해 베네치아 비엔날레가 사용하고 있는 아르세날레 디 베네치아 등이 모두 이에 해당한다. 테이트 리버풀과 그보다 이후에 지어진 테이트모던의 특별한 점은 테이트의 미술관들이 이들보다 규모가 더 크기도 하지만 세계화의 문제를 직접 제기한다는 데도 있다. 상당 부분 공적 예산으로 지어진 두 테이트 미술관의 목적은 그 미술관이 속한 도시의 국제성을 표현하고 승인하는 것이다. 테이트 리버풀이 19세기 세계적 무역항이었던 때의 입지를 다시 확보하겠다는 의지를 표현하는 것을 목적으로 한다면, 테이트모던은 현재 세계 금융의 중심으로서의 런던의 위치를 확고히 하는 것을 목적으로 한다. 두 미술관 모두 많은 부분이 벽돌로 지어진 물질적으로 강력한 건물이고, 산업을 진정성을 지닌 것으로 표현하는 건물이다. 마치 건물의 실제 무게가 건물 안에 있는 것들의 내용의 무게라고 말하고 있는 듯이 보인다.

19세기에서 20세기 초 사이에 지어진 건물들은 이미 상당수가 문화적 건물로 개조되었고, 이에 따라 산업 시대에 지어진 창고나 공장 건물은 즉각적으로 문화적 공간을 연상시킬 정도가 되었다. 과거의 미술관이나 박물관들이 주로 신고전주의 양식으로 지어졌다면, 지금의 갤러리들은 주로 산업 시대의 공장과 창고를 활용해 지어진다. 심지어 문화적 공간이 되기 위해 창고나 공장같이 보이지 않는 건물을 의도적으로 더 그렇게 보이게 만드는 일도 있다. 브라질 건축가 파울루 멘데스 다 로차는 폐교된 미술 학교를 리모델링해 상파울루 피나코테카 미술관Pinacoteca do Estado을 설계했다. 하지만 빅토리아 시대의 창고 느낌이 생각만큼 잘 나지 않자 벽돌을 더 노출시키는 방식으로 창고를 원래 모습보다 더 창고처럼 보이게 해야 했다. 과거 산업을 상징하던 재료가 지금은 문화예술을 상징하는 재료가 된 경우도 있다. 내후성 강판은 배를 건조할 때 주로 쓰이는 재료였다. 미국 조각가 리처드 세라는 1969년부터 이 강판을 사용해 공공조각 작품을 만들기 시작했다. 내후성 강판은 대기 중에 노출되면 녹이 발생하지만 시간이 지나면 그 녹이 특수한 막을 형성해 더 이상의 부식 진행을 방지하는 방식으로 자연스러운 색깔의 보호막을 갖춘다. 세라는 그 막의 독특한 느낌을 살려 작품을 만들었다. 영국 북동부 도시 게이츠헤드에 위치한 발틱 현대미술관Baltic Centre for Contemporary Art도 이 강판을 사용했다. 이 미술관은 영국 식품회사 랭크 호비스 맥도걸사가 1930년대에 사용하던 제분소 건물을 개조한 공간인데, 산업적 공간의 분위기가 충분히 나지 않자, 제분소였을 때는 사용되지 않았던 강판을 미술관에 사용한 경우다. 도착적이라고 말할 수도 있겠지만, 이제 문화예술을 표현하기 위해서는 더 산업적 공간처럼 보여야 하는 시대가 되었다.

도널드 저드 박물관

이 도착성의 정점을 보여주는 곳은 미국의 시각예술 작가 도널드 저드가 작업실로 사용하던 뉴욕 소호 건물을 그의 생전 상태로 보존하여 전시하고 있는 도널드 저드 박물관일 것이다. 저드가 소호 101 스프링 스트리트에 위치한 이 건물을 구입한 것은 1968년 11월이었다. 설계한 건물이라고는 이 건물과 브라질에 있는 한 건물밖에 없는 니컬러스 화이트라는 건축가가 지은 이 건물은 원래 용도도 분명하지 않았다. 저드는 건물의 그럴듯한 외관만 보고 위층에서는 옷을 만들고, 아래층에서는 판매를 하던 건물일 것이라 짐작하고 건물을 구입했다. 저드는 건물을 구입한 다음에야 건물 안이 엉망이라는 것을 발견했다. 여기저기 망가진 기계들이 널려 있고 기름이 새고 있었다. 그럼에도 저드는 건물을 가급적이면 원래 모습에서 크게 바꾸지 않고 사용하기로 마음먹었다.[21] 저드는 이 건물을 자신의 작업실 겸 거주 공간으로 사용했다. 건물은 그의 목적에 잘 맞았다. 저드는 뉴욕이라는 도시를 탐탁해하

사진 7.4

뉴욕 도널드 저드 박물관. 저드가 생전에 수집해 전시해놓은 예술 작품 중 일부는 1층 건물 바깥에서도 볼 수 있다.(2016년 사진)

지 않았지만, 뉴욕이 중요한 미술 시장인 만큼 뉴욕에 머무를 필요가 있었다. 건물 자체도 넓어 좋았다. 그 덕에 영화 〈나인 하프 위크〉의 촬영장소로 대여해주고 공간 대여료를 받은 적도 있었다. 그의 두 자녀는 다른 친구들의 집도 모두 자신들이 사는 곳과 비슷한 줄 알면서 그곳에서 자랐다.[22] 저드는 오랜 시간에 걸쳐 건물을 한 층씩 리모델링했다. 그는 자신이 직접 제작한 작품이나, 자신이 수집한 다른 작가들의 작품을 이 건물에서 전시하면서, 건물을 지극히 실용적으로 사용했다.

저드가 사망한 후 이 건물은 오랫동안 아무런 변화 없이 그 자리에 있었다. 그러다 텍사스주 마파에 소재한 도널드 저드 박물관이 성공을 거두자 이에 고무된 저드 재단은 저드의 뉴욕 작업실도 박물관으로 리노베이션하기로 결정한다. 저드의 작업을 전시하는 한편, 예술가들이 이런 건물을 주거 및 작업 공간으로 사용하던 과거의 시대를 기념하는 것이 목표였다. 리노베이션은 건축설계사 ARO 아키텍츠 소속 건축가 애덤 야린스키가 맡았다. 작업에는 3년, 2억 3,000달러가 소요되었다.[23] 복원 작업은 까다롭고도 정교했다. 일단 기본적으로는 한 개인이 살던 건물을 박물관이라는 공공시설로 만드는 작업이었다. 공공건물 규정에 부합하는 소방시설과 냉난방 시설 등을 갖춰야 했다. 동시에 저드가 살던 당시의 모습을 재현하는 작업이기도 했다. 작업팀은 이렇게 말한다. “기계 장치나 환기 시설, 배관 시설을 눈에 보이지 않게 설치하면서도, 건물의 내용은 원래 있던 상태 그대로 유지하는 어려운 작업이지요."[24] 야린스키는 이 작업이 건물 안에 또 하나의 건물을 넣는 작업이나 마찬가지였다고 설명한다.[25] 작업팀은 2년 동안 건물의 주철 1,300개를 모두 분해한 다음 하나씩 다시 복원해야 했다.

건물의 구조와 시설을 바꾸는 것만 문제가 아니었다. 실내의 모습을 바꾸는 것도 큰 문제였다. 최대한 저드가 살아 있던 동안의 모습으로 복원해야 했다. 창문을 모두 떼어낸 후, 새로운 창문으로 갈아 낀 다음, 마치 새 창문이 아니라 오래된 창문인 것처럼 보이도록 하나하나 손봤다. 벽도 실제 사람이 살고 있는 공간인 것처럼 얼룩이나 바랜 색까지 살려 복원했다. 신경 써야 할 부분이 한둘이 아니었다.[26] 2013년 도널드 저드 박물관이 개관했을 때, 많은 기사는 마치 저드가 살아 있을 때의 작업실을 보는 것 같다고 호평했다. 예술 전문지《아폴로 매거진》은 다음과 같이 평했다. "모든 것이 그대로다. 위스키, 테킬라, 메스칼 술병은 마치 저드가 마시다 남겨놓은 것처럼 반쯤 비워진 채 놓여 있다. 옷장에는 저드의 옷들이 걸려 있고, 침대에는 흰 시트가 깔려 있다." 완전히 새로 짓다시피 한 건물을 오래된 건물처럼 보이게 만드는 데 성공한 것이다.[27] 건축 잡지《아키텍처럴 리뷰》의 평가대로 이는 "매우 거대한 크기의 예술 작업"이다.[28] 생전 미술계의 고고한 척하는 태도에 저항감을 가지고 있었던 저드는 자신의 작업실이 우아한 박물관으로 리모델링되는 것을 원치 않았을지도 모른다. 하지만 도널드 저드 박물관은 오늘날 세계도시에서 문화가 존재하는 방식을 잘 보여준다. 일단 전시된 물건들의 품질에 신경을 써 명품처럼 다룬다는 점에서 그렇다. 또, 오래된 산업용 건물을 개조한 후 그 완성된 건물을 다시 소비의 대상으로 만든다는 점에서 이 박물관은 문화가 곧 산업이라는 이해에 잘 부합한다. 저드가 살아 있었더라면 자신의 작업실 건물이 상품이 되었다는 사실에 경악했을 것이다. 그렇지만 그런 저드조차 자신이 아끼던 공간의 가치가 과거와는 비교할 수 없을 정도로 높아졌다는 사실을 알면 자신의 적대감을 거두지 않았을까. 도널드 저드 박물관은 결국 상품일 수밖에 없고, 세계도시가 문화 상품을 어떻게 유통시키는지를 잘 보여주는 한 모델이다.[29] 저드 재단은 저드 미술관을 관람할 수 있는 관람객의 수를 일정하게 제한하고, 이미지 사용 권리를 통제함으로써 자신들이 가지고 있는 문화적 자산의 장기적 가치를 높이고 있다.

베이징 798 예술구

오래된 산업 공간을 문화예술 공간으로 개조해 사용하는 추세는 서구에서는 다소 주춤해졌다. 개조할 만한 건물은 이미 대부분 개조해서 사용할 수 있는 건물이 이제 별로 남지 않았기 때문이다. 아직 그런 건물이 충분히 남아 있는 곳이 있다. 베이징의 798 예술구798 Art District다. 798 예술구는 천안문 광장에서 동북쪽으로 17킬로 떨어진 곳에 위치한 예술 거리다. 이곳은 원래 구소련과 동독의 기술 지원을 받아 1950년대에 세워진 무기공장들이 있던 곳이다.[30] 이 무기공장들은 20년 가까이 무기를 생산하는 역할을 맡다가, 1980년대 덩샤오핑의 개혁개방 정책과 함께 쇠락했다. 이곳에는 과거 무기공장이었던 건물들이 일정한 간격으로 나란히 줄지어 서 있다. 공장 실내에는 굉장히 커다란 창문이 나 있어 채광이 이루 말할 수 없이 시원하다. 바우하우스 건축 양식, 넓게 탁 트인 실내 공간, 3대 공산주의 정권과 얽힌 신비한 역사, 벽에 붙어 있는 마오쩌둥 시대의 정치적 구호들, 이 모든 요소가 어우러져

이 무기공장 건물들은 더할 나위 없이 쿨하게 보인다. 국제적인 현대 미술 전시 공간의 기준에도 손색이 없다. 공장 지역이었던 이곳이 예술구로 다시 태어난 데에는 중국 정부의 강력한 정책적 역할이 컸다고 알려져 있지만, 이곳은 1995년부터 이미 자생적으로 예술구로 거듭나고 있었다. 그 시발점은 1995년, 중국 최고의 미술대학교인 중앙미술학원이 이곳의 싼 공간들을 임대해 학생들의 작업실로 사용하기 시작한 일이다. 2002년에는 미국인인 로버트 버넬이 이곳에 미술 전문 서점 '타임존 8 아트 북스Timezone 8 Art Books'를 열었다. 버넬은 웹사이트를 개설해 이곳에서 일어나고 있던 예술 활동을 활발히 알렸다. 버넬의 노력으로 798 예술구는 예술의 중심지로 주목받기 시작했다.[31] 798 예술구에 정통한 몇몇 이들은 버넬이야말로 이 지역을 부흥시킨 장본인이라고 주장한다.[32] 이 지역의 가능성에 주목한 중국 정부는 2004년 전국인민대표대회에서 이 지역을 예술구로 양성하기로 결정했다. 이후 수많은 갤러리와 상점들이 입주하면서 798 예술구는 지금과 같은 예술인들의 메카가 되었다. 798 예술구는 지금 베이징에서 관광객이 세 번째로 많이 찾는 명소다. 베이징의 798 예술구를 걷는 경험은 뉴욕의 첼시나 런던의 쇼디치를 걷는 경험과 크게 다르지 않다. 패션도 같고, 커피도 같고, 인구 구성도 같고, 예술 작품만큼이나 사람이 많은 것도 같다. 갤러리들의 향과 감촉도 서구의 갤러리들과 같이 세계적이다.

하지만 798 예술구가 첼시나 쇼디치와 다른 점이 있는

사진 7.5

베이징 798 예술구.(2017년 사진)

사진 7.6

베이징 798 예술구. 바우하우스 양식이 눈에 띈다.(2017년 사진)

데, 그것은 여기서는 이질적인 요소들이 서로 아무렇지도 않게 뒤섞여 있다는 점이다. 고급스러운 국제 갤러리 옆에 싸구려 기념품을 판매하는 상점과 스포츠 경기를 볼 수 있는 바가 있다. 평양 사진이 찍힌 우편엽서, 사회주의 리얼리즘 회화, 김일성이 썼다는 책을 판매하는 상점도 북한 정부가 운영하고 있다. 798 예술구는 오늘날 문화는 곧 비즈니스라는 사실을 조금도 부끄러워하지 않고 받아들이고 있다는 점에서, 문화 산업의 특징을 매우 잘 보여준다. 일본에서도 문화에 대한 이와 비슷한 태도를 발견할 수 있다. 일본에서는 고급 갤러리들이 백화점 안에 입주해 있는 경우가 많다. 그래서 일본에서 미술품을 찾아다니다 보면 미술 작품을 보고 있다는 기분보다, 쇼핑을 하고 있다는 기분이 들기도 한다. 사정은 싱가포르도 비슷하다. 2008년 싱가포르 정부는 문화가 싱가포르 국가 경제개발의 원동력이라고 선언하면서, 싱가포르 경제개발청의 주도로 798 예술구를 모델로 하는 예술 지역을 조성하기로 결정했다. 싱가포르 정부는 1930년대 지어진 전 영국군 주둔지 길만 바락Gillman Barracks을 리노베이션해 갤러리와 미술인들이 모이는 싱가포르의 현대 미술 클러스터를 만들었다.[33] 싱가포르 정부는 싱가포르가 자유무역항으로서의 이점, 미술품 보존 및 관리 역량, 동아시아 미술 시장의 허브로서의 지위 등을 가지고 있다고 강조하며 길만 바락을 대대적으로 홍보한다. 싱가포르의 문화 정책은 중국이나 일본과 비교해서도 훨씬 더 국가 주도적이다. 하지만 중국, 일본, 싱가포르가 공유하는 것이 있다. 그것은 모두 문화를 경제적인 측면이 중요한 산업으로 이해하고 있다는 점이다. 서구의 실천을 받아들여 더 농축시킨 이 동아시아 국가들의 실천이야말로 문화 산업의 가장 순수한 표현이 아닐까.

사진 7.7

싱가포르 길만 바락. 그라피티가 눈에 띈다.(2015년 사진)

미술관들의 최근 추세

미술관으로 개조할 만한 공간들, 특히 물류창고들이 더 이상 많지 않게 되면서, 미술관들은 퐁피두 센터의 전례를 따라 산업적 이미지를 통해 문화를 표현하기 시작했다. 2015년 웨스트 빌리지로 자리를 옮겨 완공된 뉴욕 휘트니 미술관은 근처 웨스트 빌리지 부둣가에 늘어서 있던 선박들의 모습을 직접적으로 이용하는데, 미술관의 동남쪽 외형은 20세기 중반 근처를 운항하던 여객선들의 모습을 떠올리게 한다. 미술관의 동북쪽 모습은 바다를 이용했다기보다는 부동산 시장의 기회를 노린 것으로 보이지만 말이다.[34] 또 다른 예로는 건축 사무소 OMA 아키텍처가 건축 중인 영국 맨체스터시의 예술 복합 공간 더 팩토리The Factory가 있다. 완공 예상도를 보면, 이 건물은 상자처럼 보이는 거대한 건물 하나와 뒤틀린 천막처럼 생긴 프랭크 게리 스타일의 건물이 나란히 붙어 있는 형태다. 겉모습으로는 이름에 들어가 있는 '공장'과 전혀 아무 관계가 없다는 말이다. 위치도 과거 그라나다 텔레비전 방송국이 있던 곳이자 현재 로펌들이 많은 곳일 뿐, 과거 공장 단지였던 곳과는 무관하다. 대신 이 건물은 현대적이고 문화적인 두 개의 공장을 참조한다. 하나는 앤디 워홀의 팩토리The Factory이고, 다른 하나는 맨체스터의 전설적인 레코드 레이블이었던 팩토리 레코드Factory Records다. 팩토리 레코드는 20세기 초에 지어진 커다란 창고 건물을 개조한 다음 그 건물에서 (역시 전설적인) 클럽 하시엔다를 운영했다(과거 클럽 하시엔다가 있던 자리에는 현재 하시엔다라는 이름만 똑같은 아파트가 자리 잡고 있다).[35] 팩토리 레코드는 이 레이블의 공동 창업자이자 뛰어난 그래픽 디자이너인 피터 새빌을 통해, 산업적 이미지들을 세련되게 전유하고 유희할 줄 알았다. 이를테면 그들은 자신들이 생산한 모든 제품에 일련번호를 붙이는 기행을 벌였다. 물건이 아니라 클럽인 하시엔다에도 'Fac51'이라는 일련번호를 붙였고, 팩토리 레코드와 클럽 하시엔다의 운영자 토니 윌슨이 사망했을 때도 그 관에 'Fac501'이라는 번호를 붙였다.[36] 상황주의의 영향 아래에서 산업적 이미지를 무기로 삼는 대항문화 세력이었던 팩토리 레코드의 유산은 이제 주류 문화가 되었다. 영국 맨체스터시의 예술 복합 공간 더 팩토리는 바로 이 문화적 유산을 계승하고자 하는 기획이다.[37] 팩토리 레코드에서도, 더 팩토리에서도, 문화 산업이라는 수사는 이미지의 형태로 강력하게 지속된다.

하지만 문화 산업을 더 선명하게 가시화하는 시도들이 있다. 그것은 전 세계 여러 도시에 분관을 세우고자 하는 미술관들의 시도다. 지금 전 세계 유수 미술관들은 여러 도시에 분관을 만드는 데 심혈을 기울이고 있다. 테이트 재단은 테이트 리버풀, 테이트 세인트아이브스, 테이트모던을 차례로 열었다. 퐁피두 센터는 퐁피두 센터 메스에 이어, 스페인에 팝업 전시관인 퐁피두 말라가를 열었다. 현재 벨기에 브뤼셀, 사우디아라비아 다란, 브라질에도 분관 개관을 계획 중이다. 루브르 미술관은 루브르 랑스를 열었고, 아랍에미리트 아부다비에 프랑스 건축가 장 누벨의 설계로 루브르 아부다비를 개관했다. 미술관 확장에 가장 적극적이었던 곳은 전임 관장 토머스 크렌스 시절의 구겐하임 미술관이다. 프랭크 게리가 설계한 스페인 빌바오 구겐하임은 개장과 함께 큰 성공을 거두면서 미술관을 산업적 접근법으로 설계한 상징적 건물이 되었다. 아부다비 구겐하임 미술관의 건축도 프랭크 게리의 설계로 이루어지고 있다. 반면, OMA 아키텍처가 설계한 구겐하임 라스베이거스 미술관은 관람객 수가 저조해 2008년 폐관했다. 구겐하임 미술관은 전 세계에 구겐하임 미술관을 확장하려는 시도를 멈추지 않고 핀란드 헬싱키에 미술관 건립을 제안했다가 거절당한 후, 현재 브라질과 아랍에미리트에 분관 개관을 진행 중이다.

미술관들의 이런 시도 가운데 가장 규모가 큰 것은 스코틀랜드의 작지만 세계도시가 되고자 하는 야심을 품은 도시 던디에서 찾을 수 있는데, 그것은 영국의 국립 공예박물관인 빅토리아 앨버트 박물관Victoria and Albert Museum, V&A이 세운

사진 7.8

빅토리아 앨버트 박물관의 스코틀랜드 던디 분관인 V&A 던디. 구마 겐고의 설계로 2018년 완공되었다.(2018년 사진)

V&A 던디V&A Dundee다. V&A 던디는 미술관의 세계적 규범에 잘 부합한다. 설계안은 국제설계공모전을 개최해 선정했고, 선정된 건축가는 세계적인 일본 건축가 구마 겐고다. 완성된 건물은 건축적 아이콘이 되었으며, 경제 부흥에 대한 수사가 가득하다. 규모 또한 국제적이어서, 지역 미술관으로서는 최대 수준이라 할 수 있는 1만 제곱미터다. 국가와 민간이 함께 부담한 8000만 파운드는 단일 미술관의 건축 비용으로는 스코틀랜드 역사상 최고다.

V&A 던디가 지어질 당시 이 미술관에 관한 사회적 논의

의 초점이 미술관의 콘텐츠였던 적은 한 번도 없다. 논의의 초점은 언제나 미술관 건물 그 자체였다. 건물이 곧 문화였던 것이다. V&A 던디의 건물은 던디, 아니 스코틀랜드 전체에서도 비슷한 건물을 찾아볼 수 없는 묘사하기 어려운 건물이다. V&A 던디는 길쭉한 프리캐스트 콘크리트 블록 수백 개를 수평으로 촘촘히 쌓아 만든 건물이다. 그럼에도 V&A 던디는 가볍고, 경쾌하고, 일렁이는 인상을 주며, 남쪽 테이강 하구 쪽에서 본 모습은 더욱 그렇다. 내부는 외부보다 더 직관적이다. 역피라미드 모양의 갤러리 두 개가, 대형 전시를 소화할 수 있는 커다란 공간을 사이에 두고 연결되어 있다. 세계적인 기준에서 본다면 던디는 인구가 20만도 되지 않는 작은 도시다. V&A 던디는 빌바오 구겐하임 미술관의 성공을 모델로 삼아 소프트파워를 통해 세계적인 도시로 거듭나고자 하는 이 작은 도시의 야심찬 기획이다. V&A 던디는 지금 세계도시에서 작동하는 문화의 논리를 보여준다. 이제 문화는 산업에서 생산된, 모두가 좋아할 만한 부산물에 불과한 것으로 그치지 않는다. 이제 문화는 곧 산업이고, 그 성공 여부는 도시에 자본을 얼마나 끌어올 수 있는지로 평가된다. 이제는 익숙해진 이 논리 속에서 문화적 건물은 아이콘적인 건물이 되어야만 한다. 사회학자 레슬리 스클레어가 지적하듯, 미술관은 '아이콘 만들기의 기획icon project'이고, 세계 자본이 '브랜드로서의 건축물'을 통해 자본을 재생산하는 수단이다.[38] V&A 던디가 앞으로 어떻게 될지는 아직 예측하기 이르다. 하지만 V&A 던디를 아이콘 만들기의 기획으로 이해할 때 우리는 V&A 던디가 애초에 왜 그리고 어떻게 존재하게 되었는지, 또 문화가 오늘날의 세계도시에서 어떻게 작동하고 어떤 물리적 형태를 취하는지를 알 수 있게 된다.[39]

이제 미술관들은 물리적 건물만 확장하는 것이 아니라 온라인 미술관 확장에도 힘쓰고 있다. 미술관들은 실제 미술관을 방문하는 관람객들뿐 아니라, 온라인 미술관을 방문하여 트랜스미디어적 경험을 하는 관람객도 중요시하기 시작했다.[40] 이런 문화적 추세 역시 산업 전반의 경향에 해당한다. 산업 전반의 추세를 살펴볼 때, 문화 산업에서 도시의 역할은 줄어드는 것이 아니라 오히려 점점 더 커질 것이다. 마찬가지로 문화는 점점 더 프로세스로 자신을 재현하게 될 것이다. 요컨대 문화는 점점 더 완성의 상태가 아닌 자기실현의 상태, 미술관이나 박물관이 아닌 축제가 될 것이다.

8장

나가며

프로세스, 도시의 얼굴을 만들다

도시들은 왜 지금처럼 보이게 된 것일까? 우리는 지금까지 도시들이 지금처럼 보이게 된 것은 그 설계 때문이 아니라 경제적, 사회적, 정치적 프로세스 때문이라는 것을 살펴보았다. 우리는 도시를 우리가 만든다고 생각하기를 좋아한다. 우리는 의도와 이성에 의한 설계가 도시를 만들었다고 생각하고 싶어 한다. 이 책이 다룬 내용 중에서도 설계를 다룬 부분이 적은 것은 아니었다. 하지만 설계는 우리가 생각하는 것만큼 도시 경관에 큰 영향을 미치지 않는다. 도시와 건물이 그 설계자가 처음 계획하고 의도한 대로 그대로 만들어지지 않기 때문이다. 설계의 역할이 중요하지 않다는 말이 아니다. 우리가 보는 도시는 다양한 요소, 특히 우리가 계획하고 설계하지 않은 요소들이 결합하여 나타난 결과라고 말하고자 하는 것이다. 우리가 보는 도시의 모습은, 그 설계자들의 의도보다는, 도시에 대한 이미지들, 이를테면 미술, 영화, 비디오 게임, 대중문화, 그리고 (지금 시대에는 무엇보다도) 우리가 직접 찍고 공유하는 사진들(이제 우리는 모두 도시사진가다)과 더 긴밀한 관계가 있다.

나는 이 책에서 여섯 개의 프로세스를 축으로 도시를 살펴보았다. 내가 선택한 프로세스는 자본, 정치 권력, 성적 욕망, 노동, 전쟁, 문화다. 물론 이보다 훨씬 더 많은 프로세스가 있지만, 나는 이 여섯 개 프로세스가 가장 중요하다고 보았다. 나는 우리 눈에 바로 보이는 도시의 모습 뒤에 숨겨져 잘 보이지 않는 것들을 드러내 보이고자 노력했다. 여기에는 여러 이유가 있지만, 특히 나의 학문적 배경이 중요한 영향을 미쳤다. 나는 미술사를 전공했다. 미술사는 우리 눈앞에 있음에도 우리가 보지 못하는 것이 존재한다는 것을 공부하는 학문이다. 나는 도시에도 그런 면이 있다는 것을 베네치아를 보면서 깨달았다. 베네치아는 문화예술 유적으로 가득한 도시다. 하지만 우리가 여름 관광 피크 기간에 보는 베네치아의 스펙터클은 그런 것과는 거리가 멀다. 그때 우리가 마주하게 되는 베네치아의 진정한 스펙터클은 어마어마한 인파 그리고 거대한 크루즈선이다. 문화예술 유적은 그저 배경일 뿐이다. 관광산업을 비판하는 것은 이 책의 관심사가 아니다. 나는 거기 있어야 한다고 관습적으로 생각하는 것들이 아니라, 잘 보이지는 않지만 실제 우리 눈앞에 있는 것을 이해해야 한다고 말하고자 하는 것이다. 내게 이런 태도를 가르쳐준 책은 로버트 벤투리, 데니스 스콧 브라운, 스티븐 아이젠아워가 공저한 『라스베이거스의 교훈』이다. 도시 연구에 대한 나의 태도가 어디에서 영향을 받았는지 알고 싶은 독자가 있다면, 이 책을 먼저 읽어볼 것을 권한다. 이 책이 나온 이후, 사회학, 경제학, 성,

사진 8.1

브라질 상파울루의 빈민가 파라이조폴리스 파벨라. 내가 위 사진을 찍은 이후 브라질 정부는 파라이조폴리스 파벨라를 상당 부분 재개발했다. (2009년 사진)

권력, 문화에 대한 이론들이 도시 연구에서 중요한 위치를 차지하게 되었다. '보기'에 대한 이 참조점들과 벤투리의 태도를 생각하면서 나는, 우리가 도시를 비현실적인 미적 기준에 따라 볼 것이 아니라, 열린 마음으로 볼 수 있기를 희망했다. 프로세스의 산물인 도시는 애초부터 그런 미적 기준에 부합할 수 없다. 도시가 그 기준들에 맞지 않는다고 해서 안타까워할 필요는 없다. 우리가 원하는 이미지에 도시를 끼워 맞출 수는 없는 법이다.

나는 이 얇은 책에서 많은 내용을 필연적으로 빼야만 했다. 아마도 이 책에서 가장 두드러지는 누락은 이미지가 지닌 힘과 관련되지 않은 관점들의 누락일 것이다. 이 책이 주로 다루는 것들은 힘에 의해 만들어진 풍경들, 힘에 관한 자기의식적이고 자기반영적인 이미지들이다. 나는 도시를 '도시 빈민'의 관점에서 볼 수도 있었다. 1960년대 후반에 리우데자네이루의 파벨라 구역을 중심으로 브라질의 도시를 연구한 미국의 인류학자 재니스 펄먼의 작업처럼 말이다.[1] 도시를 '범죄'의 관점에서 접근할 수도 있었다. 로스앤젤레스를 다룬 마이크 데이비스의 『석영의 도시』가 그런 연구다.[2] 또는, 도시를 '기술'의 관점에서 바라볼 수도 있었다. 건물의 환기 시스템을 중심으로 도시 건축을 살펴본 레이너 밴험의 『기술을 중심으로 본 건축의 역사』가 이런 작업에 해당한다.[3] 또는 많은 미술 비평가들이 그렇게 하듯이, 도시를 예술가들의 미학적 개입들이 켜켜히 쌓인 곳으로 이해할 수도 있었다. 내가 일하는 맥락에서는 매우 흔한 이런 접근법은 도시를 해석되어야 할 주변적인 행동들의 세트로 본다(4장에서 본 것처럼, 앨빈 발트롭의 동성 성애적 사진을 큐레이터들에 의해 '발견'된 것으로 보는 관점이 이에 해당한다). 이 접근법들이 모두 내 작업에 영향을 미쳤지만, 명시적으로 남은 것은 연구 대상의 측면에서나, 내가 그 대상에 얼마나 진지하게 접근했는지에서나 모두 힘에 관한 관점들이다. 또 서문에서도 인정했지만 나는 북반구에 위치한 풍족한 도시들을 제외하고는 다루지 못했다.

내가 이런 접근법을 택한 이유는 여러 가지다. 첫째, 내가 다룬 대상, 즉 도시와 그 건축물들의 많은 측면은 우리 눈 앞에 있지만 잘 보이지 않는 것들이다. 건축물의 규모, 비용, 가시성 같은 것들은 보지 않으려 해도 안 볼 수가 없다. 보이는 것을 굳이 안 보는 것이 더 어려운 일일 것이다. 문제는 그것에 주의를 기울여 보지 않는다는 것이다. 심지어 건축 평론가들이라는 이들조차 마찬가지다. 많은 건축 평론가는 도시와 건축에 대해 너무 성급하게 판단하고, 그 판단을 지나치게 확신하느라, 자신들의 눈앞에 있는 것들의 진짜 의미를 미처 보지 못한다. 이를테면, 건축 평론가들은 브뤼셀을 단순한 행정 도시로만 치부하느라, 그 안에 있는 건물들의 의미를 진지하게 따지지 못한다. 라파엘 비뇰리에 대한 평가만 해도 그렇다. 평론가들은 비뇰리가 스타 건축가라는 이유만으로 그를 완전히 무시한다. 하지만 비뇰리의 건물이 동시대 다른 건축가들의 건물과 근본적으로 다르다고 할 수 있을까? 그렇지 않을 것이다. 비뇰리의 고객, 설계, 의도는 다른 건축가의 고객, 설계, 의도와 크게 다르지 않다. 이렇듯 우리는 우리 눈앞의 건물들을 어떻게 보고 이해해야 하는지 배우지 못했다.

둘째, 건물과 도시는 시간이 흐르고 시대가 바뀌면서 변화하기 때문에 그것들이 지어졌을 때 의미했던 바는 지금 그것들이 의미하는 바와 크게 다르다. 나는 7장에서 퐁피두 센터가 1977년 개관했을 때 발표한 퐁피두 센터의 보도자료를 잠깐 소개했다. 그 당시에는 그럴듯했을 그 글은 지금 시점에서 보면 지나치게 이상주의적이고 나이브하게 들린다. 건물은 시대가 변하면 그 설계자가 의도하지 않은 새로운 쓰임새를 얻기도 하고, 예상치 못한 이들에 의해 예상치 못한 방법으로 전유되기도 한다. 1960년대를 살던 맨체스터 사람이 타임머신을 타고 바로 지금의 맨체스터로 온다면, 19세기에 지어진 면직물 창고들이 21세기인 지금까지 남아 있다는 사실에도, 그 면직물 창고들이 대부분 팬시한 게이 클럽이 되었다는 사실에도 놀라지 않을 수 없을 것이다. 도시는 그 도시를 만든 권력자들, 이를테면 도시 개발자, 정부, 설계자의 의도와는 큰 관계가 없다. 그보다는 그 도시에 직접 살면서 그 도시를 자신들의 방식으로 이용해 나가는 이들과 더 깊은 관계가 있다. 건축 비평과 도시 비평은 건축물과 도시가 만들어진 바로 그 시점에만 시선을 멈춘다. 나는 그 만들어진 시점들을 끝이 아니라 시작으로 보고자 했다.

내가 이 책의 형식을 지금처럼 선택한 세 번째 이유는 역사와 관계가 있다. 내가 이 책을 쓰고 있는 2016년, 전 세계적으로 일어나고 있는 정치적 소요들(도널드 트럼프의 미국 대통령 당선, 브렉시트 국민투표, 포퓰리즘의 부상)이 분명해지면서, 세계화와 세계도시라는 개념은 위협받고 있다. 세계화와 세계도시는 앞으로도 존재하겠지만, 그것들이 건축에서 의미화되는 방식은 사뭇 달라질 것이다. 지난 사반세기 동안 부유한 세계의 도시들은 기념비적인 건물들을 짓는 데 여념이 없었다. 하지만 이제 그런 경향이 지속될 것 같지는 않다. 심지어 그런 건물을 짓는데 가장 적극적이었던 중국조차 이제는 그렇게 하지 않으려고 한다.[4] 내가 이 책에서 다른 것들, 즉 세계도시에 관한 내용들은 곧 시효가 다할 수도 있다. 세계도시가 지금 다른 무엇인가로 변모하는 과정에 있다면 말이다. 그렇게 되면 이제까지와는 다른 종류의 재현, 다른 종류의 건물들이 생기게 될 것이다. 지금 시점에서 볼 때, 세계도시에 지어져 있는 기념비적 건물들은 그보다 한참 전인 빅토리아 시대에 지어진 건물들과 크게 다르지 않다. 그 건물들은 모두 더 이상 존재하지 않는 신념 체계의 (익숙하고 가시적인) 재현인 것이다. 기존의 세계도시라는 개념에 균열이 일어나고 있다는 조짐은 이미 나타났다. 2000년대 초반 발생했던 도시의 갑작스러운 인구 증가가 이제는 멈춘 것이다. 20년 만에 처음으로 영국 금융계는 런던의 인구 감소를 우려하기 시작했다.[5]

마지막으로, 내가 이 책에서 특정한 도시들을 다룬 이유는 부분적으로 사라져가는 무엇인가를 보고자 하는 나의 욕망과 관계가 있다. 도시화는 앞으로도 계속되겠지만, 이제 그 도시화는 이 책이 다루고 있는 거대 도시를 중심으로 일어나는 것이 아니라 작은 규모의 도시 또는 중간 규모의 도시에서 일어날 것이기 때문이다. 내가 이 책에서 다룬 여러 세계도시

사진 8.2
레스터시의 세인트 매슈스 지역. 스펙터클하지 않은 세계도시의 모습을 보여준다.(2018년 사진)

들은 내가 연구 때문에 여러 번 방문하여 많은 시간을 보낸 곳들이다. 정치적, 또는 경제적으로 세계의 수도에 해당하는 이 책의 세계도시들은 내가 문화를 많이 소비한 곳들이다.

나는 연구를 하며 여러 도시를 여행하는 도중, 우연찮게 잉글랜드 이스트 미들랜즈 지역에 위치한, 인구가 30만 명도 되지 않는 작은 도시, 레스터를 알게 되었다. 레스터는 이 책에서 다룬 그 어떤 곳과도 닮지 않은 도시다. 이 도시에는 꼭꼭 숨겨져 있기라도 하듯 스펙터클한 건축물을 찾을 수가 없다. 이 도시의 기반은 1970년대 중반 이후로 거의 바뀌지 않았다.

미술관 하나를 제외하면, 표를 사서 들어갈 만한 문화적 공간이라 할 곳도 거의 없다. 유명 축구팀인 레스터시티 FC가 사용하는 축구 경기장은 지극히 실용적으로 지어져 있다. 도심에 가까운 교외 지역에는 낮은 언덕 위에 빅토리아 양식의 주택들이 잘 보존되어 있다. 건축사적인 측면에서 매우 중요한 세계적인 건물도 하나 있다. 제임스 스털링이 설계한 레스터 대학교 공과대학 건물Engineering Building of University of Leicester이다. 브루탈리즘을 말할 때면 빠지지 않고 언급되는 건물로, 레스터의 랜드마크이기도 하다.

레스터의 볼거리는 이 정도가 전부다. 하지만 레스터는 여러 면에서 흥미롭다. 교육, 건강 산업, 음식 가공 분야의 고용이 꾸준히 이루어지고 있으며, 엄청나게 큰 규모의 남아시아 커뮤니티가 형성되어 있다. 레스터시의 시민들은 영국의 유럽연합 잔류를 묻는 2016년 국민투표에서 간소한 차로 유럽연합에 남는 쪽을 택했지만, 세계화에 대한 레스터시의 태도는 복잡하다. 레스터는 세계도시이기는커녕 매우 작고 후미진 도시다. 하지만 레스터는 하나의 도시가 어떻게 풍부한 시각 환경을 자생적으로 생산할 수 있는지를 잘 보여준다. 레스터에는 한 도시가 그 도시가 지니고 있는 무의식을 어떻게 스펙터클로 표현하고 있는지를 잘 보여주는 지역이 있다. 레스터 도심인 세인트 매슈스 지역의 벌리 고가도로Burleys Flyover 부근이다. 벌리 고가도로는 레스터 시내의 고질적인 교통정체 문제를 해소하려는 목적으로 1976년에 지어진 고가도로

다. 이 책의 머리말 첫 부분에서 내가 서 있었던 곳이 바로 이 고가도로 아래다. 이곳은 영국에서 가장 사람이 밀집된 곳이라고 해도 과언이 아닌데, 교통 혼잡을 막고 도시의 밀집을 완화하기 위해 만든 구조물의 3제곱킬로미터 구역이 여러 문화가 복잡하게 사용하는 공간이 되었다는 점이 매우 특이하다. 고가도로 아래에는 남아시아 식료품 마트인 유어스 슈퍼마켓Yours Supermarket이 있다. 그 주변에는 옷이나 신발을 아직도 생산하고 있는 작고 오래된 공장, 1960년대 지어진 엘리베이터 없는 아파트, 물류창고, 나이트클럽 같은 건물들이 흩어져 있다.

사진 8.3

1976년 지어진 벌리 고가도로 아래서 본 레스터시의 모습.(2018년 사진)

내 눈에는 이곳이 레스터에서 인구가 가장 밀집된 지역이고 (유어스 슈퍼마켓에서 살 수 있는 것들의 방대함을 생각할 때) 국제 무역과 가장 밀접하게 연결된 곳이지만, 많은 이들이 재생산하기를 원하는 도시의 모습은 아니다. 공기의 질은 형편없고, 거리는 불법 주차 차량과 인파로 복잡하고 위험하다. 조용히 산책할 수 있는 곳도 아니다. 하지만 이곳에는 도심과는 달리 여러 요소가 혼합되어 일반적인 세련된 취향을 비웃는 독특한 감각이 존재한다. 이는 도시사회학자 샤론 주킨이 말하는 도시의 '고유성authenticity'에 해당할 것이다.[6] 물론 나는 관광객이다. 나는 이곳에 쇼핑하러 와서 이곳의 스펙터클(또는 안티 스펙터클)을 즐기다가, 모두 즐기고 나서는 매연이나 소음을 참을 필요 없이 다른 곳으로 가버리면 되는 사람일지도 모른다. 하지만 정말 나만 관광객이라고 할 수는 없다. 아시아 식재료를 구입하기 위해 레스터시 전역에서 몰려드는 이들도 엄밀히 따지고 보면 관광객이다. 이 슈퍼마켓은 남아시아 무슬림만 오는 곳이 아니다. 발칸, 모로코, 이란, 아라비아, 말레이시아 등 온갖 식재료와 식료품을 구입하려는 온갖 종류의 사람들이 온다. 그렇다면 내가 관광객인 것처럼, 이곳에 오는 다른 모든 사람도 결국은 관광객이다.

혹시라도 언젠가 레스터가 부유하고 잘 나가는 도시가 된다면, 젠트리피케이션이 가장 먼저 일어날 곳은 이 고가도로 근처가 될 것이다. 여기저기 보이는 1930년대 지어진 벽돌 건물들은 로프트 아파트로 개조되기 안성맞춤이다. 당분간 그런 일이 벌어질 것 같지는 않지만, 우리는 이런 곳들, 또는 런던의 덜 자의식적인 지역 역시 도시의 시각 문화를 재현한다는 점을 기억해야 한다. 현재의 추세를 고려한다면, 레스터처럼 장소를 단순하고, 실용적이며, 경우에 따라서는 엉망으로 전유하고 있는 곳이 세계도시의 중심들보다 도시가 발전하는 방식을 더 잘 재현하고 있다고 보는 것이 맞을 것이다. 그러므로 우리는 도시의 중심뿐만이 아니라 도시의 주변부에도 주의를 기울여야 한다. 또 도시의 시각 문화가 의식적인 동인에 의해서도 생산되지만, 대다수의 경우에는 무의식적인 동인에 의해 생산된다는 사실도 잘 기억해야 한다. 도시가 어떻게 보이는가는 이런 여러 동인이 상호작용한 결과이지, 어떤 한 가지 동인이 만든 결과가 아니다. 리처드 세넷은 그가 아직 20대였던 1970년에 쓴 책에서, 도시 설계자가 도시 공간을 통제하려고 할 때 그것은 기본적으로 미성숙한 욕망이라고 비판했다. 그리고 최고의 도시 공간은 여러 행위자가 서로 조화롭게 상호작용하는 곳, 어떤 한 행위자가 다른 행위자를 압도하지 않는 곳이라고 주장했다.[7] 나는 세넷의 통찰이 지금도 유효하다고 생각한다. 나는 아무런 자의식도 없고 스펙터클하지도 않으며 복잡하기만 한 레스터의 세인트 매슈스 지역 같은 곳도, 뉴욕의 432 파크 애버뉴 아파트만큼이나 세계적인 맥락에서의 현대 도시를 대표한다고 생각한다. 둘 모두 현대 도시에 대해 이야기해주고, 둘 모두 현대 도시의 시각 문화를 이해하는 데 필요하다.

그래서 도시들이 왜 지금 모습처럼 보이게 되었다는 것인가? 마지막 페이지까지 왔지만 이 질문에 대한 완벽한 답을 얻지 못해 당황하거나 실망하는 독자도 있을 것이다. 자, 우리가 해야 할 질문이 마지막으로 하나 더 있다. 우리는 왜 도시가 지금보다 더 정돈되고, 더 아름다워져야 한다고 생각하는 것일까? 이 질문에 대한 답을 먼저 알아야 비로소 앞의 질문에 대한 답을 얻을 수 있을 것이다. 도시가 가지고 있는 그대로의 모습을 받아들이는 방법을 배워야 한다. 도시의 외관은, 통제해서도 안 되고, 통제할 수도 없는 여러 프로세스의 결과다. 이 사실을 이해할 때에야 우리가 사는 도시들을 더 나은 곳으로 만들어나갈 수 있을 것이다.

감사의 말

이 책은 폴리티 출판사의 홍보 담당자 에마 롱스태프와 나눈 대화에서 시작되었다. 에마의 아이디어와 열정이 없었다면 이 책은 나오지 못했을 것이다. 이후 각기 다른 시기에 여러 사람과 나눈 대화도 이 책을 발전시키는 데 중요한 역할을 했다. 스티븐 케언스, 휴 캠벨, 베일리 카드, 비비안 콘스탄티노풀로스, 마크 커즌스, 마크 크린슨, 닐 콕스, 글린 데이비스, 이자벨 두세, 에드 홀리스, 클라우디아 홉킨스와 데이비드 홉킨스, 앤드루 혼, 제인 제이콥스, 페니 루이스, 크리스토프 린드너, 졸리엔 반 데어 메이든, 리처드 맥클라리, 캐럴 리처드슨, 이고르 스틱스, 피터 베르메르쉬, 이안 보이드 와이트, 그리고 샤론 주킨에게 감사를 표한다. 2017년 베이징 연구 방문을 잘 준비해준 동료 치아링 양, 콜린 브래디, 슈가오, 그리고 상파울루를 다시 방문해야 할 이유를 알려준 상파울루 대학교 건축·도시학부의 호세 리라도 고마운 이들이다. 나는 연구단계에서 로스앤젤레스를 여러 번 방문하면서, 도시가 어떤 상태가 될 수 있는지, 또 도시가 어떻게 보일 수 있는지에 대한 심오한 질문들을 화두로 떠올릴 수 있었다. 그곳에서, 레이너 밴험 생전 도시에 대한 대화를 가장 많이 나누었을 그의 아내 메리 밴험, 아들 벤 밴험, 또 밴험이 도시에 관한 글들을 기고했던 잡지《뉴 소사이어티》의 편집자 폴 바커와 만나 이야기를 나누는 기회를 얻을 수 있었던 것도 큰 즐거움이었다. 내가 연구를 진행할 수 있도록 연구비를 지원해준 로스앤젤레스의 게티 재단에도 감사를 표한다. 지금까지 언급한 모든 이들의 친절함, 그리고 그들이 나눠준 도시에 대한 깊은 지식이 있었기에 나는 이 책을 쓸 수 있었다. 마지막으로 나의 아이들, 애비와 알렉스는 내가 책을 쓰는 동안 레스터라는 내가 잘 모르던 도시를 잘 알려주어 예상치 못한 즐거움을 주었다. 지금까지 그랬던 것처럼, 나는 나의 책을 두 아이에게 바친다.

주

머리말

1 S. Sassen, *The Global City: New York, London, Tokyo* (Princeton: Princeton University Press, 2001). See also Loughborough University, Globalization and World Cities Research Network, http://www.lboro.ac.uk/gawc/.

2 R. Venturi, D. Scott-Brown and S. Izenour, *Learning from Las Vegas* (Cambridge, MA: MIT Press, 1972).

1장 | 들어가며

1 Città di Venezia Assessorato al Turismo, *Annuario 2014* (Venice: Città di Venezia, 2014).

2 L. Alloway, *The Venice Biennale 1895-1968: From Salon to Goldfish Bowl* (London: Faber and Faber, 1978), p. 114.

3 D. Standish, *Venice in Environmental Peril: Myth and Reality* (Lanham, MD: University Press of America, 2012), pp. 52-68.

4 Colin Buchanan and Partners and Freeman, Fox and Associates, *Edinburgh: The Recommended Plan* (Edinburgh: City of Edinburgh Council, 1972).

5 C. Melhuish, M. Degen and G. Rose, 'The real modernity that is here: understanding the role of digital visualizations in the production of a new urban imaginary at Msheireb Downtown, Qatar', *City and Society*, 28, 2 (2017), pp. 222-245.

6 See M. Degen, C. Melhuish and G. Rose, 'Producing place atmospheres digitally: architecture, digital visualization practices and the experience economy', *Journal of Consumer Culture*, 17, 1 (2017), pp. 3-24.

7 G. Debord, *The Society of the Spectacle* (Detroit, MI: Black and Red, 1984).

8 United Nations Population Fund, *State of the World Population 2007* (New York: United Nations, 2007). https://www.unfpa.org/sites/default/files/pub-pdf/695_filename_sowp2007_eng.pdf.

9 Paragon Real Estate Group, *San Francisco Real Estate Market Report* (July 2017). https://files.datapress.com/london/dataset/population-change-1939-2015/historical%20population%201939-2015.pdf.

10 GLA Intelligence, *Population Growth in London 1939-2015* (London: Greater London Authority, 2015). https://files.datapress.com/london/dataset/population-change-1939-2015/historical%20population%201939-2015.pdf.

11 다음 기사에 따르면, 런던 인구는 2016년에서 2017년 사이 10만 명이 감소했다. 'Property prices: housing correction', *The Economist* (11 August 2018), pp. 61-2.

12 A. Ehrenhalt, *The Great Inversion and the Future of the American City* (New York: Knopf, 2012).

13 J. Baudrillard, *For a Political Economy of the Sign* (New York: Telos Press, 1981).

14 La Biennale di Venezia, *Città: Architettura e Società* (12 September -7 November 2006). http://www.labiennale.org/en/history-biennalearchitettura.

15 Tate Modern, *Global Cities* (20 June - 27 August 2007).

16 L. Sklair, *The Icon Project: Architecture, Cities and Capitalist Globalization* (Oxford: Oxford University Press, 2017).

17 J. Mairs, 'Neo Bankside residents take Tate Modern to court over Herzog and de Meuron extension', *Dezeen* (18 April 2017). https://www.dezeen.com/2017/04/18/neo-banksiderogers-stirk-harbour-tate-modern-court-case-viewingplatfom-herzog-de-meuron-news-uk/.

18 소비사회는 장 보드리야르가 1970년 다음 책에서 이론화했다. J. Baudrillard, *The Consumer Society: Myths and Structures* (London: SAGE, 1998).

19 M. Davis, *Ecology of Fear: Los Angeles and the Imagination of Disaster* (London: Vintage, 1999).

20 T. J. Clark, *The Painting of Modern Life: Paris in the Art of Manet and his Followers* (Princeton, NJ: Princeton University Press, 1989).

21 Le Corbusier, *Towards a New Architecture* (London: J. Rodker, 1931).

22 J. Jacobs, *The Death and Life of Great American Cities* (New York: Random House, 1961).

23 K. Lynch, *The Image of the City* (Cambridge, MA: MIT Press, 1960).

24 R. Koolhaas and B. van der Haak, *Lagos Wide and Close* (2004). lagos.submarinechannel.com.

25 R. Banham, *Los Angeles: The Architecture of Four Ecologies* (London: Penguin, 1972).

26 J. Urry and J. Larsen, *The Tourist Gaze 3.0* (London: SAGE, 2011), p. 14.

27 Banham, *Los Angeles*.

28 P. Plagens, 'Los Angeles, the ecology of evil', *Artforum* (December 1972), p. 76.

29 D. Haslam, *Manchester, England: The Story of the Pop Cult City* (London: Fourth Estate, 2000).

30 See R. J. Williams, *Brazil: Modern Architectures in History* (London: Reaktion Books, 2009).

2장 | 자본

1 K. Frampton, *Modern Architecture: A Critical History* (London: Thames and Hudson, 1992).

2 Frampton, *Modern Architecture*, p. 343.

3 C. P. Lindner and B. Rosa (eds.), *Deconstructing the High Line: Postindustrial Urbanism and the Rise of the Elevated Park* (New Brunswick, NJ: Rutgers University Press, 2017).

4 A. Lawrence, 'The Skyscraper Index: Faulty Towers', Property Report, Dresdner Kleinwort Wasserstein Research (15 January 1999).

5 C. Willis, *Form Follows Finance: Skyscrapers and Skylines in New York and Chicago* (Princeton, NJ: Princeton University Press, 1995); L. Sklair, *The Icon Project* (Oxford: Oxford University Press, 2017).

6 F. Engels, *The Condition of the Working Class in England* (Oxford: Oxford University Press, 2009).

7 Engels, *The Condition of the Working Class in England*, p.46.

8 M. Davis, *City of Quartz: Excavating the Future in Los Angeles* (London: Verso, 1990).

9 W. Benjamin, *The Arcades Project* (Cambridge, MA: Harvard University Press), p. 15.

10 See Benjamin, *The Arcades Project*, pp. 402-403, 511.

11 이 말의 출처는 그리 분명하지 않다. 마크 트웨인이 아니라 보드빌 공연으로 유명한 배우 윌 로저스가 했다는 설도 있다.

12 T. Piketty, *Capital in the Twenty-First Century* (Cambridge, MA: Harvard University Press, 2013).

13 https://www.economist.com/blogs/economist-explains/2014/05/economist-explains.

14 M. Niño-Zarazúa, L. Roope and F. Tarp, 'Global inequality: relatively lower, absolutely higher', *Review of Income and Wealth* (15 August 2016).

15 Pikett, *Capital in the Twenty-First Century*, pp. 53-54, 197-198.

16 과거에 산업적 목적으로 사용되던 건물을 주거용 부동산으로 개조하여 자본 투자용으로 삼은 사례에 대해서는 다음 책을 참고하라. S. Zukin, *Loft Living* (New Brunswick, NJ: Rutgers University Press, 1989).

17 J. Evans, 'London looks to skies with record tower construction', *Financial Times* (31 March 2017).

18 See https://www.waterlinesquare.com/the-condominiums/.

19 O. Wainwright, 'Neo-bankside: how Richard Rogers' s new "non-dom accom" cut out the poor', *Guardian* (21 July 2015).

20 T. Wolfe, *From Bauhaus to Our House* (New York: Farrar, Straus and Giroux, 1981), p. 38.

21 Wolfe, *From Bauhaus to Our House*, p. 38.

22 울프의 『바우하우스로부터 오늘의 건축으로』에 대한 비판적 평가는 다음 서평을 참고하라. R. Banham, 'The scandalous story of architecture in America', *London Review of Books*, 4, 7 (15 April 1982), p. 8.

23 J. Barnett and J. Portman, *The Architect as Developer* (New York: McGraw-Hill, 1976), p. 4.

24 Barnett and Portman, *The Architect as Developer*, p. 4.

25 Barnett and Portman, *The Architect as Developer*, p. 5.

26 P. Cook, 'The hotel is really a small city', *Architectural Design* 38, 1 (1968), pp. 90-91.

27 F. Jameson, *Postmodernism, or the Cultural Logic of Late Capitalism* (London: Verso, 1991), pp. 1-6.

28 See B. Highmore, *Cityscapes: Cultural Readings in the Material and Symbolic City* (Basingstoke: Macmillan, 2005).

29 Cook, 'The hotel is really a small city'.

30 Barnett and Portman, *The Architect as Developer*, p. 5.

31 J. Pomeroy, *The Skycourt and Skygarden: Greening the Urban Habitat* (London: Routledge, 2014), pp. 126-127.

32 워키토키 빌딩의 임대와 관련한 자세한 정보는 영국 부동산 중계 업체 나이트 프랭크가 제공하는 다음 정보를 참고하라. http://www.rightmove.co.uk/commercial-property-to-let/property-71224589.html.

33 Pomeroy, *The Skycourt and Skygarden*, pp. 126-127.

34 See http://skygarden.london/visitor-terms.

35 M. Augé, *Non-Places: Introduction to an Anthropology of Supermodernity* (London: Verso, 1995).

36 O. Wainwright, 'Pie in the sky garden', *Architectural Review* (February 2015), p. 17.

37 E. Heathcote, 'Walkie Talkie takes on towering presence', *Financial Times* (4 January 2015).

38 Cited in R. Moore, 'Walkie Talkie review-bloated, inelegant, thuggish', *Guardian* (5 January 2015).

39 Moore, 'Walkie Talkie review'.

40 BBC News, 'Walkie-Talkie skyscraper melts Jaguar car parts' (2 September 2013). http://www.bbc.co.uk/news/uk-england-london-23930675.

41 J. Weisenthal, 'The ultra-hot death ray from London' s infamous "Walkie Talkie" building is now being used to fry an egg on the street', *Business Insider* (3 September 2013).

42 워키토키 빌딩이 자본의 폭력성을 상징한다는 의견이 다수의 의견은 아니지만, 나는 이에 동의한다.

43 C. Bagli, 'Boom in luxury towers is warping New York real estate market', *New York Times* (18 May 2013). Bagli quotes the developer of 832 Park, Harry B. Macklowe.

44 Bagli, 'Boom in luxury towers'. See also J. Brown, 'Meet the house that inequality built: 432 Park Avenue', *Fortune.com* (24 November 2014).

45 Brown, 'Meet the house that inequality built'.

46 J. Turnbull, 'A letter from New York', *arq*, 18, 2 (2014), pp. 189-192.

47 중국의 유령도시들에 대해서는 다음 기사를 참고하라. L. Mallone, 'The unreal, eerie emptiness of China's "ghost cities"', *Wired* (2 April 2016); S. Jacobs, '12 eerie photos of enormous Chinese cities completely empty of people', *Business Insider* (3 October 2017). 중국의 도시개발에 대해서는 다음 책을 참고하라. A. Williams, *China's Urban Revolution* (London: Bloomsbury, 2017).

48 *CTBUH Journal*, 'Tall Buildings in Numbers', 3 (2013), p. 43.

49 See El Pais, 'El aeropuerto de Ciudad Real echa el cierre' (13 April 2012). https://politica.elpais.com/politica/2012/04/13/actualidad/1334306481_394570.html.

50 다음 책을 참고하라. M. Binelli, *The last days of Detroit* (London: Vintage, 2014). 다음 기사는 디트로이트를 다룬 작품들을 '폐허 포르노'라고 부르고 있다. *The Economist*, 'Up from the ashes' (3 May 2011).

51 https://www.weforum.org/.

52 H. Campbell, 'Spinatsch's documentation of global summits', in C. P. Lindner (ed.), *Globalization, Violence and the Visual Culture of Cities* (Abingdon: Routledge, 2010), p. 56.

53 A. Hern, 'How Iceland became the bitcoin miner's paradise', *Guardian* (13 February 2018).

3장 | 권력

1 L. Mumford, *The City in History* (New York: Harcourt 1961), p. 81.

2 L. Vale, *Architecture, Power and National Identity* (New Haven, CT: Yale University Press, 1992).

3 Vale, *Architecture*.

4 On Brasília see R. J. Williams, 'Brasília after Brasília', *Progress in Planning*, 67, 4 (2007), pp. 301-366.

5 H. Arendt, *The Origins of Totalitarianism* (New York: Schocken Books, 1951).

6 See S. Wilkins, 'Albert Speer, the architect: from a conversation of July 21, 1978', *October*, 20 (Spring 1982), pp. 14-50.

7 S. Clegg, 'Circuits of power/knowledge', *Journal of Political Power*, 7, 3 (2014), pp. 383-392.

8 E. Goffman, *The Presentation of Self in Everyday Life* (New York: Random House, 1956).

9 M. Foucault, *Discipline and Punish* (London: Penguin, 1977), pp. 195-230.

10 A. Giddens, *The Constitution of Society* (Cambridge: Polity, 1984); E. S. Herman and N. Chomsky, *Manufacturing Consent: The Political Economy of the Mass Media* (New York: Pantheon Books, 1988).

11 For example, N. Chomsky, *Occupy* (London: Penguin, 2012).

12 Clegg, 'Circuits of power/knowledge', p. 383.

13 C. Jencks, *The Language of Post-Modern Architecture* (London: Academy Editions, 1987), p. 7.

14 K. Frampton, *Modern Architecture: A Critical History* (London: Thames and Hudson, 1992), p. 308.

15 Jencks, *The Language of Post-Modern Architecture*, p. 6.

16 https://www.sis.gov.uk/our-history.html. 영국 비밀정보부 건물에

대해서는 다음을 참고하라. 'Shaping up: Terry Farrell at Vauxhall Cross', *Architecture Today*, 38 (May 1993), pp. 24-26, 29-30; 'Palace of secrets; architects: Terry Farrell & Company', *Blueprint*, 91 (October 1992), pp. 20-21; D. Sudjic, 'The building of a not so secret service', *Guardian* (19 June 1992).

17 G. Baird, *The Space of Appearance* (Cambridge, MA: MIT Press, 1995); P. Rowe, *Civic Realism* (Cambridge, MA: MIT Press, 1997). '공공성'에 대한 중요한 사회학적 설명으로는 다음 책이 있다. R. Sennett, *The Fall of Public Man* (London: Penguin, 1977).

18 Rowe, *Civic Realism*, pp. 46-57. See also R. J. Williams, *The Anxious City* (London: Routledge, 2004), pp. 82-106.

19 O. Bohigas, 'Ten points for an urban methodology', *Architectural Review* (September 1999), pp. 88-91.

20 Foster and Partners, 'City Hall officially opened by Her Majesty the Queen', press release (23 July 2002).

21 https://www.rsh-p.com/projects/national-assembly-forwales/.

22 Consolidated versions of the Treaty of the European Union and the Treaty of the Functioning of the European Union, *Official Journal of the European Union*, 59 (7 June 2016), pp. 1-46; see article 5.

23 Scottish Parliament, *The Holyrood Inquiry. A report by the Rt Hon Lord Fraser of Carmyllie QC on his inquiry into the Holyrood Building Project* (Edinburgh: Scottish Parliament, 2004), pp. 21-6. http://www.parliament.scot/SPICeResources/HolyroodInquiry.pdf.

24 Scottish Parliament, *Scottish Parliament Statistics 2009-10* (Edinburgh: Scottish Parliament, 2010). http://www.parliament.scot/abouttheparliament/46935.aspx.

25 Scottish Parliament, *The Holyrood Inquiry*.

26 M. Weber, *The Protestant Ethic and the Spirit of Capitalism* (1905) (Los Angeles, CA: Roxbury, 2001).

27 U. Iweala, 'The gentrification of Washington DC: how my city changed its colours', *Guardian* (12 September 2016).

28 I. Doucet, *The Practice Turn in Architecture: Brussels after 1968* (Farnham: Ashgate, 2015), p. 7. For a more general history of Brussels, see M. De Beule, B. Périlleux, M. Silvestre and E. Wauty, *Bruxelles, histoire de planifi er: urbanisme aux 19e et 20e siècles* (Brussels: Mardaga, 2017).

29 P. Van Parijs, 'Why did Brussels become the capital of Europe? Because Belgium starts with letter B!', *Brussels Times* (7 September 2014).

30 Doucet, *The Practice Turn*, pp. 1-2.

31 P. Perchoc, 'Brussels: what European narrative?', *Journal of Contemporary European Studies*, 25, 3 (2017), p. 367. M. de Beule, 'Offi ces and planning in Brussels, a half-century of missed opportunities', *Brussels Studies*, 36 (2010), p. 4. http://journals.openedition.org/brussels/754#tocto2n2.

32 Perchoc, 'Brussels', p. 367.

33 https://www.belgium.be/en/about_belgium/country/Population.

34 Doucet, *The Practice Turn*, p. 7.

35 Perchoc, 'Brussels', p. 372.

36 De Beule, 'Offi ces and planning in Brussels', p. 4. 브뤼셀의 부동산 시장에 대해서는 다음을 참고하라. G. Baeten, 'The Europeanization of Brussels and the urbanization of "Europe"', *European Urban and Regional Studies* 8, 2 (2001), pp. 117-130. 브뤼셀 부동산 시장이 초래한 부정적 결과에 대해서는 다음을 참고하라. E. Christiaens, 'Rich Europe in poor Brussels: the impact of the European institutions in the Brussels capital region', *City*, 7, 2 (2003), pp. 183-198.

37 Christiaens, 'Rich Europe', p. 187.

38 De Beule, 'Offices and planning in Brussels', p. 4.

39 S. Sterken, 'Bruxelles, ville de bureaux. Le bâtiment Berlaymont et la transformation du quartier Léopold', *Bruxelles Patrimoines*, p. 115.

40 권력에 저항하는 브뤼셀의 건물에 관해서는 다음 책을 참고하라. *The Practice Turn in Architecture: Brussels after 1968* (Farnham: Ashgate, 2015) 권력에 저항하는 전 세계 건물들에 관해서는 다음 책을 참고하라. F. Scott, *Outlaw Territories: Environments of Insecurity/Architectures of Counterinsurgency* (Cambridge, MA: MIT Press, 2016).

4장 | 성적 욕망

1 S. Freud, 'Civilized sexual morality and modern nervous illness' and 'Civilization and its discontents', in *Civilization, Society and Religion*, Penguin Freud Library vol. 12 (London: Penguin, 1991), pp. 256-257.

2 Freud, *Civilization, Society and Religion*, pp. 27-56, 243-340.

3 Freud, 'Civilized sexual morality', p. 35.

4 G. Simmel. 'The metropolis and mental life', in N. Leach (ed.), *Rethinking Architecture* (London: Routledge, 1997), pp. 67-85.

5 Freud, 'Civilization and its discontents', pp. 286, 293.

6 T. J. Clark, *The Painting of Modern Life: Paris in the Art of Manet and his Followers* (London and New York: Thames and Hudson, 1985), pp. 79-146, 205-258.

7 G. Pollock, *Vision and Difference: Femininity, Feminism, and Histories of Art* (London: Routledge, 1988).

8 W. Benjamin, *The Arcades Project* (Cambridge, MA: Harvard University Press, 1999), pp. 489-515.

9 B. Friedan, *The Feminine Mystique* (New York: W. W. Norton, 1963).

10 J. Jacobs, *The Death and Life of Great American Cities* (New York: Vintage Books, 1961), pp. 63–66.

11 브라이언 포브스 감독의 1975년 작.

12 M. Foucault, *History of Sexuality*, 3 vols. (London: Penguin, 1979–84).

13 J. Butler *Gender Trouble: Feminism and the Subversion of Identity* (New York: Routledge, 1990).

14 R. Sennett, *Flesh and Stone: The Body and the City in Western Civilization* (New York: Norton, 1996).

15 건축과 성의 관계에 대해서는 건축가 아론 베츠키가 총감독을 맡은 2008년 제11회 베네치아 비엔날레 건축전의 다음 카탈로그를 참고하라. A. Betsky, *Out There. Architecture Beyond Building: 11th International Architecture Exhibition La Biennale di Venezia* (Venice: Marsilio, 2008).

16 http://www.cruisingpavilion.com/.

17 Blinderman, quoted in F. Anderson 'Cruising the queer ruins of New York' s abandoned waterfront', *Performance Research*, 20, 3 (2015), p. 136.

18 마인섀프트에 대해서는 다음 책을 참고하라. S. Brook, *New York Days, New York Nights* (London: Picador, 1985).

19 B. Tschumi, *Architecture and Disjunction* (Cambridge, MA: MIT Press 1996), pp. 70–76.

20 나는 사적인 대화에서 여러 번 이런 이야기를 들은 적이 있다. 다음 책도 참고하라. G. Butt, *Between You and Me: Queer Disclosures in the New York Art World*, 1948–1963 (Durham, NC: Duke University Press, 2005).

21 푸코가 독일 함부르크에서 참여했던 성적 실천에 대해서는 다음 책을 참고하라. D. Macey, *The Lives of Michel Foucault* (London: Vintage, 1994), pp. 86–87.

22 R. Florida, *The Rise of the Creative Class* (New York: Basic Books, 2012

[2002]).

23 Florida, *The Rise of the Creative Class*, pp. 237-239.

24 Florida, *The Rise of the Creative Class*, p. 241.

25 M. Lagos, 'Twin Peaks-gay bar, historic landmark', *SF Gate* (19 January 2013).

26 러셀 T. 데이비스 연출. 레드 프러덕션/채널 4 제작.

27 S. Quilley, in J. Peck and K. Ward (eds.), *City of Revolution: Restructuring Manchester* (Manchester: Manchester University Press, 2002), p. 93.

28 동성애자 운동의 성공을 둘러싼 불안에 대해서는 다음을 참고하라. A. Sullivan, 'The end of gay culture', *The New Republic* (24 October 2005).

29 상파울루 퍼레이드의 규모와 예산에 대해서는 다음을 참고하라. 'Parada LGBT em São Paulo deve reunir 3 milhões de pessoas', *Veja* (17 June 2017).

30 N. Callaghan and P. Gower, 'London' s property prices push sex out of Soho', *Bloomberg* (27 June 2014); E. Sanders-McDonagh, M. Peyrefitte and M. Ryalls, 'Sanitising the city: exploring hegemonic gentrification in London' s Soho', *Sociological Research Online*, 21, 3 (31 August 2016).

31 R. J. Williams, *Sex and Buildings: Modern Architecture and the Sexual Revolution* (London: Reaktion Books, 2013).

32 E. Mitchell, 'An American in Japan, making a connection', *New York Times* (12 September 2003).

33 I. Kang, '*Lost in Translation* is an insufferable racist mess', *MTV News* (20 June 2017).

34 H. King, *Lost in Translation: Orientalism, Cinema and the Enigmatic Signifier* (Durham, NC: Duke University Press, 2010).

35 이 영화에 대한 페미니즘적인 독해가 이 영화를 인종주의적인 작품

으로 읽는 독해와 반드시 양립 불가능한 것이 아니다. 이 영화에 대한 페미니즘적인 독해에 대해서는 다음 논문을 참고하라. B. Smaill, 'Sofia Coppola', *Feminist Media Studies*, 13, 1 (2011), pp. 148-162. 이 영화에 대한 소피아 코폴라 자신의 논평은 다음 기사를 참고하라. M. Stern, 'Sofia Coppola discusses "Lost in Translation" on its 10th anniversary', *Daily Beast* (12 September 2013).

36 King, *Lost in Translation*, p. 161.

37 King, *Lost in Translation*, p. 162.

38 *High-Rise*, 벤 휘틀리 감독의 2016년 작품.

39 http://www.boxofficemojo.com/movies/?id=lostintranslation.htm.

40 http://www.zaha-hadid.com/design/520-west-28th-street/.

41 L. Landro, 'A hotel with an exhibitionist streak', *Wall Street Journal* (3 October 2009).

5장 | 노동

1 Foster and Partners, 'Urban splash-Altrincham, Manchester' (2003), https://www.fosterandpartners.com/news/archive/2003/04/urban-splash-altrincham-manchester/.

2 Z. Bauman, *Liquid Modernity* (Cambridge: Polity, 2000), pp. 136, 137.

3 Bauman, *Liquid Modernity*, p. 144.

4 J. B. Freeman, *Behemoth: A History of the Factory and the Making of the Modern World* (New York: Norton, 2018), p. 140.

5 Bauman, *Liquid Modernity*, p. 145.

6 S. Zukin, *Loft Living: Capital and Culture in Urban Change* (New Brunswick, NJ: Rutgers University Press, 1983).

7 R. Harbison, *Eccentric Spaces* (Cambridge, MA: MIT Press, 1977), p. 31.

8 S. Sassen, *The Global City: New York, London, Tokyo* (Princeton, NJ:

Princeton University Press, 1991).

9 UK Government Department of Culture, Media and Sport, 'Press release: creative industries' record contribution to UK economy' (29 November 2017). https://www.gov.uk/government/news/creative-industries-record-contribution-to-uk-economy.

10 *Life magazine*, 'Living big in a loft' (27 March 1970), pp. 61-65.

11 *Life magazine*, 'Living big in a loft', p. 63.

12 *Life magazine*, 'Living big in a loft', p. 63.

13 G. Celant, 'SoHo art lofts', *Lotus* 66 (1990), p. 15.

14 G. Celant, 'Arte Povera: appunti per una guerriglia', *Flash Art*, 5 (November- December 1967), p. 3.

15 Gemeente Amsterdam Bureau Broedplaatsen, *Policy Frame Work, Studio and Art Factories Programme 1 Amsterdam Metropolitan Area 2012-2016* (Amsterdam: Gemeente Amsterdam Bureau Broedplaatsen, 2012).

16 컨테이너를 개조한 주거 공간은 네덜란드 건축설계사 터 키프터 건축Te Kiefte Architecten)의 2005년 작품이다.

17 NDSM사의 조선소 건물은 네덜란드 건축설계사 그룹 A(Group A)가 2015년 리노베이션한 작품이다.

18 암스텔 보텔은 네덜란드 건축설계사 MMX 건축MMX Architecten과 건축가 요르트 덴 홀란더르가 2015년 완공했다.

19 데이브 카스미스의 사진 작품을 소개해 준 노르데를리흐트 카페의 주인 욜린 판데르마던에게 감사를 표한다.

20 J. Grundy, and J.-A. Boudreau, 'Living with culture: creative citizenship practices in Toronto', *Citizenship Studies*, 12, 4 (2008), p. 350.

21 *Creativity and the Capitalist City*, 티노 뷔흐홀스 감독(2012). http://www.creativecapitalistcity.org/.

22 Bucholz, *Creativity and the Capitalist City*.

23 J. Peck, 'Recreative city: Amsterdam, vehicular ideas, and the adaptive spaces of creativity policy', *International Journal of Urban and Regional Research*, 36, 3 (May 2012), pp. 462-485.

24 R. Florida, *The Rise of the Creative Class* (New York: Basic Books, 2012 [2002]).

25 Peck, 'Recreative city', p. 462.

26 Peck, 'Recreative city', p. 464.

27 Peck, 'Recreative city', p. 465.

28 나는 1986~1987년 런던 서더크 구에서 빈집점거운동에 참여한 경험이 있다.

29 Peck, 'Recreative city', p. 468.

30 https://www.amsterdam.nl/kunstencultuur/ateliers/.

31 Peck, 'Recreative city', p. 468.

32 H. Pruijt, 'Is the institutionalization of urban movements inevitable? A comparison of the opportunities for sustained squatting in New York City and Amsterdam', *International Journal of Urban and Regional Research*, 27 (2003), pp. 133-157.

33 Interview with Jolien van der Maden (January 2016).

34 Interview with Cynthia Mooij (January 2016).

35 더 퀴블은 관광객들에게 일종의 놀이 공원 같은 역할을 한다.

36 Bauman, *Liquid Modernity*, p. 149.

37 Bauman, *Liquid Modernity*, pp. 151, 150.

38 D. Bordwell, J. Staiger and K. Thompson, *The Classical Hollywood Cinema: Film Style and Mode of Production to 1960* (London: Routledge and Kegan Paul, 1985), p. 320.

39 R. Ebert, 'Sunset Boulevard movie review' (27 June 1999). https://www.rogerebert.com/reviews/great-movie-sunset-boulevard-1950.

40 Cited in S. Staggs, *Close-Up on Sunset Boulevard* (New York:

Macmillan, 2002).

41 R. E. Caves, *Creative Industries: Contracts between Art and Commerce* (Cambridge, MA: Harvard University Press), pp. 1–17.

42 Caves, *Creative Industries*, p. 97.

43 A. Ehrenhalt, *The Great Inversion and the Future of the American City* (New York: Vintage, 2013).

44 과거에는 샌프란시스코의 예술 공동체와 첨단산업 공동체 사이의 관계가 항상 우호적인 것은 아니었다. 이에 관해서는 다음 기사를 참고하라. J. Rothman, 'Was Steve Jobs an artist?', *New Yorker* (14 October 2015).

45 실리콘밸리의 경제에 대해서는 다음 기사를 참고하라. 'To fly, to fall, to fly again', *The Economist* (25 July 2015).

46 F. Turner, *From Counterculture to Cyberculture* (Chicago, IL: Chicago University Press, 2006), pp. 102, 106, 114.

47 W. Isaacson, *Steve Jobs* (London: Abacus, 2015), p. 62.

48 A. Marantz, 'How "Silicon Valley" nails Silicon Valley', *New Yorker* (9 June 2016).

49 'Silicon Valley: a victim of its own success', *The Economist* (1 September 2018), p. 15.

50 내가 2017년 1월 구글 캠퍼스를 방문했을 때의 모습을 기억하자면 그렇다.

51 A. Blum, *Tubes: Behind the Scenes at the Internet* (London: Penguin, 2012).

52 See discussion in T. Cross, 'Cryptocurrencies and blockchains', *The Economist* (1 September 2018), p. 8.

53 R. Banham, 'Flatscape with containers', *New Society* (17 August 1967), pp. 231–232.

54 M. Pawley, *Terminal Architecture* (London: Reaktion, 1998).

55 구글 버스에 대해서는 리베카 솔닛의 잘 알려진 다음 글을 참고하라.

R. Solnit, 'Diary', *London Review of Books* (2013), 35, 3 (7 February 2013), pp. 34-35.

6장 | 전쟁

1 J. Hersey, 'Hiroshima', *New Yorker* (31 August 1946).
2 W. G. Sebald, *On the Natural History of Destruction* (London: Hamish Hamilton, 2003), pp. 10, 26.
3 R. LeGates and F. Stout (eds.), *The City Reader* (London: Routledge, 2003).
4 픽처레스크 이론에 대해서는 다음 책을 참고하라. N. Pevsner, *Pioneers of the Modern Movement* (London: Faber, 1936).
5 J. M. Richards, *The Bombed Buildings of Britain* (London: Architectural Press, 1943), p. 3.
6 J. Piper, 'Pleasing decay', *Architectural Review*, 102 (September 1947), pp. 85-94.
7 Eisenhower, 'Farewell radio and television address to the American people' (17 January 1961). https://www.eisenhowerlibrary.gov/sites/default/files/file/farewell_address.pdf.
8 E. Soja, *My Los Angeles: From Urban Restructuring to Regional Urbanization* (Berkeley: University of California Press, 2014), p. 44.
9 J. Freeman, *Behemoth: The History of the Factory and the Making of the Modern World* (New York: Norton, 2018), pp. 231-233.
10 M. Davis, *City of Quartz: Excavating the Future in Los Angeles* (London: Verso, 1990), pp. 387-393.
11 SimpsonHaugh and partners, Manchester New Square, Manchester (UK) (2018).
12 Sebald, *Natural History of Destruction*, p. 7.

13 https://www.barbican.org.uk/our-story/our-building/our-history.

14 Data from www.worldbank.org/.

15 D. Rothenburg, 'Interview with a US Air Force drone pilot. It is, oddly, war at a very intimate level', *Foreign Policy* (6 November 2014).

16 S. Žižek, *Welcome to the Desert of the Real* (London: Verso, 2002), p. 107.

17 'Special Report: the future of war', *The Economist* (27 January 2018). 이와 관련한 문제는 도시 계획가들의 주요한 관심사가 되어 가고 있다. 다음 기사도 참고하라. S. Sassen, 'Welcome to a new kind of war: the rise of endless urban conflict', *Guardian* (30 January 2018).

18 'Special Report: the future of war'.

19 See discussion in R. J. Williams, 'Architecture and economies of violence' in C. P. Lindner (ed.), *Globalization, Violence and the Visual Culture of Cities* (Abingdon: Routledge, 2010), pp. 17-31.

20 브라질 사람들이 농담처럼 하는 이야기이긴 하지만, 리우데자네이루 인구가 사라예보 인구보다 스무 배나 많다는 점을 감안하면 완전히 허황된 이야기는 아니다.

21 파울루 린스 원작, 페르난두 메이렐레스 감독의 2002년 영화.

22 M. Pawley, *Terminal Architecture* (London: Reaktion Books, 1998).

23 Pawley, *Terminal Architecture*, pp. 148, 149.

24 Pawley, *Terminal Architecture*, p. 150.

25 Pawley, *Terminal Architecture*, p. 153.

26 R. Hall, *The Transparent Traveler: The Performance and Culture of Airport Security* (Durham, NC, Duke University Press, 2015), p. 3.

27 B. Koerner, *The Skies Belong to Us: Love and Terror in the Golden Age of Hijacking* (New York: Broadway, 2014). See also 'How hijackers commandeered over 130 American planes - in 5 years', *Wired* (18 June 2013).

28 2017년 저자가 방문했을 때 확인한 사항이다.

29 2017년 저자가 방문했을 때 확인한 사항이다.

30 https://www.forensic-architecture.org/news/.

31 M. Foucault, 'Society must be defended', *Lectures at the Collège de France* (New York: Picador, 2003), p. 12.

32 C. von Clausewitz, *On War*, trans. M. Howard and P. Paret (Princeton: Princeton University Press, 1984), p. 584.

33 M. Favret, 'Everyday war', *ELH*, 72, 3 (Fall 2005), p. 608.

34 L. Woods, 'Everyday war', in P. Lang (ed.), *Mortal City* (Princeton: Princeton University Press, 1995), p. 46.

35 PBS가 제작하고, 켄 번스 감독이 연출한 10부작 다큐멘터리 〈베트남 전쟁The Vietnam War〉. 이 다큐멘터리에 대해서는 다음 리뷰를 참고하라. D. Thomson, 'Merely an empire', *London Review of Books*, 39, 18 (21 September 2017), pp. 11-14.

36 폴 그린그래스 감독의 2006년 영화.

37 Žižek *Welcome*, pp. 11, 17.

38 Pawley, *Terminal Architecture*.

7장 | 문화

1 Tate Modern, Press Release: Tate Modern May 2000 - May 2001 (11 May 2001). http://www.tate.org.uk/press/press-releases/tate-modern-may-2000-may-2001.

2 See R. J. Williams, *The Anxious City* (London: Routledge, 2004), pp. 179-199.

3 T. Adorno and M. Horkheimer, *Dialectic of Enlightenment* (London: Verso Books, 1979). 이 책은 1944년 독일어로 출간된 이후, 한참이 지난 1972년에야 영어로 번역되었다.

4 E. Bahr, *Weimar on the Pacific: German Exile Culture in Los Angeles and the Crisis of Modernism* (Berkeley: University of California Press), p. 32.

5 M. Jay, 'Adorno in America', *New German Critique*, 31 (Winter, 1984), pp. 157-182; p. 158.

6 Adorno and Horkheimer, *Dialectic of Enlightenment*, pp. 121, 153.

7 Adorno and Horkheimer, *Dialectic of Enlightenment*, pp. 138, 120.

8 http://www.creativescotland.com/what-we-do/creativitymatters/economic-value.

9 https://ec.europa.eu/programmes/creative-europe/actions/capitals-culture_en. 유럽 자본으로 진행되는 문화 프로젝트의 성공 기준에 대해서는 다음 보고서를 참고하라. Palmer/Rae Associates, *European Cities and Capitals of Culture: Study Prepared for the European Commission* (Brussels: Palmer/Rae Associates, August 2004). https://ec.europa.eu/programmes/creative-europe/sites/default/files/library/palmer-report-capitals-culture-1995-2004-i_en.pdf.

10 창조 도시에 대한 찰스 랜드리의 접근법은 문화의 생산을 중심에 놓는 리처드 플로리다의 접근법과는 조금 다르다. 랜드리의 창조도시 이론에 대해서는 다음을 참고하라. C. Landry, 'Creativity, culture and the city'. Creativity, Culture & the City' (https://charleslandry.com/resources-downloads/documents-for-download/).

11 See D. Caute, *Sixty-Eight: The Year of the Barricades* (London: Paladin, 1988).

12 https://www.centrepompidou.fr/en/The-Centre-Pompidou/The-history.

13 Le Centre National d'Art et de Culture, 'A new cultural center in Paris' (Press Release) (Paris, 31 January 1977), p. 8.

14 레이너 밴험은 아스펜 국제디자인콘퍼런스에서 활동하며, 건축가는 문화를 긍정적인 방향으로 변화시키는 데 주도적인 역할을 맡아야 한다

고 강하게 주장한 인물이기도 하다. 이에 대해서는 다음 책을 참고하라. R. Banham, *The Aspen Papers: Twenty Years of Design Theory from the International Design Conference in Aspen* (London: Pall Mall Press, 1974).

15 http://www.carrefour.com/content/history.

16 W. Benjamin, *The Arcades Project* (Cambridge, MA: Harvard University Press, 1999), pp. 19-20.

17 J. Baudrillard, 'Implosion and deterrence', *October*, 20 (Spring 1982), pp. 3-13.

18 Baudrillard, 'Implosion and deterrence', p. 19.

19 'Rogers lashes out at tragic £54m Pompidou Centre refit', *Architect's Journal* (13 January 2000). https://www.architectsjournal.co.uk/home/rogers-lashes-out-at-tragic-54m-pompidou-centre-refit/187361.article.

20 Charles, Prince of Wales, *A Vision of Britain: A Personal View of Architecture* (London: Doubleday, 1989).

21 D. Judd, '101 Spring Street', *Places Journal* (May 2011) https://placesjournal.org/article/101-spring-street/.

22 G. Harris, 'Minimalist in Manhattan', *Financial Times* (3 May 2013).

23 C. Pearson, 'Judd home and studio', *Architectural Record* (16 May 2013).

24 Artforum, 'Minimal impact', May 2013, pp. 151-152.

25 '101 Spring Street by Donald Judd (and ARO)', *Architect*, 102, 6 (June 2013), p. 56.

26 '101 Spring Street by Donald Judd', p. 56.

27 J. Griffin, 'Escape from New York', *Apollo*, 178, 611, (July-August 2013), p. 62-67.

28 C. Croft, 'Conservative measures', *Architectural Review*, 235, 1403 (January 2014), p. 17.

29 내가 이런 평가를 내리는 데 도널드 저드 미술관의 전 직원 피터 밸런타인이 알려준 내용들이 많은 도움이 되었다.

30 L. Kong, C. Chia-ho and C. Tsu-Lung, *Arts, Culture and the Making of Global Cities: Creating New Urban Landscapes in Asia* (Cheltenham: Edward Elgar, 2015), pp. 117-139.

31 버넬은 798 예술구가 지금과 같은 곳에 되도록 하는 데 큰 기여를 한 사람이지만, 지금 그가 무엇을 하고 있는지는 알려지지 않고 있다.

32 Kong et al., *Arts, Culture and the Making of Global Cities*, p. 127.

33 Singapore Economic Development Board, Press Release: 'Contemporary art destination Gillman Barracks officially opens' (14 September 2014). https://www.gillmanbarracks.com/files/press/20120914-gillman-barracksbrcontemporary-art-destin/file/20120914-contemporary-art-destination-gillman-barracks-officially-open.pdf.

34 렌초 피아노는 다른 이들이 자신의 작품을 이런 식으로 해석하는 것을 좋아하지 않는 것으로 보인다. 이와 관련하여 다음 기사를 참고하라. J. Glancey, 'Renzo Piano: My new Whitney Museum is a symbol of American freedom', *Daily Telegraph* (24 April 2015).

35 R. J. Williams, 'This charming Manchester', *Blueprint*, 246 (September 2006) p. 29.

36 D. Lynskey, 'A fitting headstone for Tony Wilson' s grave' (26 October 2010).

37 http://mif.co.uk/thefactory/.

38 L. Sklair, *The Icon Project* (Oxford: Oxford University Press, 2017).

39 최근 미술관들이 규모를 확장하는 추세에 대해서는 다음 책을 참고하라. S. MacDonald, *Companion to Museum Studies* (Oxford: Wiley Blackwell, 2015), pp. 1-12.

40 J. Kidd, *Museums in the New Mediascape* (Farnham: Ashgate, 2014).

8장 | 나가며

1 J. Perlman, *The Myth of Marginality: Urban Poverty and Politics in Rio de Janeiro* (Berkeley: University of California Press, 1976).

2 M. Davis, *City of Quartz: Excavating the Future in Los Angeles* (London: Verso, 1990).

3 M. Pawley, *Terminal Architecture* (London: Reaktion Books, 1998). R. Banham, *The Architecture of the Well-Tempered Environment* (London: Architectural Press, 1969).

4 See K. Schwab, 'The end of China' s weird architecture', *Atlantic* (9 March 2016). https://www.theatlantic.com/entertainment/archive/2016/03/chinas-weirdarchitecture/472590/.

5 부동산 대기업 그로브너 그룹이 런던의 인구감소를 다룬 영국 통계청 자료를 어떻게 분석하고 있는지는 다음 기사를 참고하라. https://grosvenor.com/news-and-insight/all-articles/post-brexit-london-demographics-and-population-gro.

6 S. Zukin, *Naked City: The Death and Life of Authentic Urban Places* (Oxford: Oxford University Press, 2009).

7 R. Sennett, *The Uses of Disorder: Personal Identity and City Life* (New York: Alfred A. Knopf, 1970).

찾아보기

ㅁ

ㅇ

ㅍ

ㅎ

무엇이 도시의 얼굴을 만드는가

초판 1쇄 발행 2021년 11월 18일
초판 2쇄 발행 2022년 10월 15일

지은이 리처드 윌리엄스
옮긴이 김수연
펴낸이 조미현

책임편집 박승기
디자인 한미나

펴낸곳 (주)현암사
등록 1951년 12월 24일 (제10-126호)
주소 04029 서울시 마포구 동교로12안길 35
전화 02-365-5051
팩스 02-313-2729
전자우편 editor@hyeonamsa.com
홈페이지 www.hyeonamsa.com

ISBN 978-89-323-2174-5 03540